HZ Books

华 章 图 书

一本打开的书，一扇开启的门，
通向科学殿堂的阶梯，托起一流人才的基石。

www.hzbook.com

Zero
Basis

零基础学 Python编程

（少儿趣味版）

溪溪爸爸◎编著

机械工业出版社
China Machine Press

图书在版编目（CIP）数据

零基础学 Python 编程（少儿趣味版）/ 溪溪爸爸编著 . —北京：机械工业出版社，2020.10

ISBN 978-7-111-66676-9

I. 零… II. 溪… III. 软件工具 – 程序设计 – 少儿读物 IV. TP311.561-49

中国版本图书馆 CIP 数据核字（2020）第 189996 号

零基础学 Python 编程（少儿趣味版）

出版发行：机械工业出版社（北京市西城区百万庄大街 22 号 邮政编码：100037）

责任编辑：栾传龙 责任校对：殷 虹

印 刷：北京瑞德印刷有限公司 版 次：2020 年 10 月第 1 版第 1 次印刷

开 本：186mm×240mm 1/16 印 张：17.25

书 号：ISBN 978-7-111-66676-9 定 价：79.00 元

客服电话：（010）88361066 88379833 68326294 投稿热线：（010）88379604

华章网站：www.hzbook.com 读者信箱：hzit@hzbook.com

前　言

如今的孩子生在一个计算机时代，曾被父母认为是高科技的编程技术对于他们来说已司空见惯，就像跳舞、画画和弹钢琴一样。如果孩子从小就接触程序设计，日积月累，肯定大有裨益。

对于长期从事程序设计的人来说，编程不仅是一种应用技能，还是一种让人考虑问题更加缜密的训练方法。因为程序本身是看不见、摸不着的，程序中的数据结构和算法设计能够激发人脑的抽象思维能力，对开发大脑潜能有益无害。

但是当前程序设计语言非常多，有些适合大型应用开发，有些适合图形图像处理，还有些适合科学计算。因此，选择一种适合孩子入门的程序设计语言以作为探索计算机世界的工具是一个值得仔细考虑的严肃问题。这种程序设计语言必须简洁明了、易于理解、可读性强，而且应该同时具有鲜明的特征和对计算机程序基础知识的普遍应用。Python 就是这样一种语言。最重要的是Python 语言在国内和国外都有很高的人气和支持度，这表示它将是一门能够长期发展的、有生命力的语言。从小学习 Python 不必有"过时"的顾虑，Python 语言博大精深，适用广泛，愿意的话，这门语言可以一直深入学习下去。

总之，从小就了解 Python，甚至喜欢上 Python 程序设计，将是一件非常有益的事情。

如果你开始对 Python 感兴趣，决定读一读本书，就让我来简单介绍一下吧！本书看起来是一本教授 Python 语言的书，但是实际上它并不止教授一门语言，它是利用 Python 语言作为实践工具，讲授计算机科学的基础知识。熟悉程序设计的人都知道，程序就是数据结构加上算法。所以本书在迅速讲解了 Python 的基础语法以后，就开始围绕数据结构和算法两大部分做文章。如果你已经有了一些 Python 知识，可以跳过第 1 章。由于本书面向少儿读者，为避免过度枯燥无味，我们在内容上杜撰了一个童话故事，以一架太空飞船和船上的成员作为主角展开，从而营造轻松的氛围。另外，本书的每个章节都相对独立地介绍了一个程序设计知识点，并且有完整的故事背景和完整的程序脚本。如果读过一遍又回头来"复习"，可以随意挑选其中的章节，而不必从头看起。这对小读者来说也更加容易接受。

本书的内容设计由浅入深，从基本的知识"零件"开始，逐步加深到复杂的知识结构，最终达到算法实现的程度。读完本书，你会发现其中一些例程还是具有一些挑战性的。还有一点值得一提，即程序设计并不是唯一的。因此，本书中用于解决问题的例程不一定就是最佳的程序，读者可以在源代码的基础上进行改进，挑战完美。另外，除了最后一章外，其余每个章节都为读者准备了一到两个练习题，小读者们可以自己尝试编程以解决问题。

怎么样，你是不是想立即从一个编程小白变身成一个 Python 程序员呢？那我们就赶紧开始吧！

目　　录

励志照亮人生　　编程改变命运

第 1 章　从零开始学 Python

1.1　"派森号"的星际旅行：初识 Python

一望无际的外太空中，"派森号"飞船正载着它的船员们飞速驶向一片太空陨石群。来自蓝色星球的西西船长命令："飞船向右转！再向上！向下！然后再向左转！避开陨石！"

1.1.1　编程环境

要控制飞船当然是一件复杂的事情，我们用一段程序来简单"意思"一下。

程序运行后，当你按下键盘方向键的时候，屏幕上就会显示相应表示方向的符号，如图 1-1 所示。

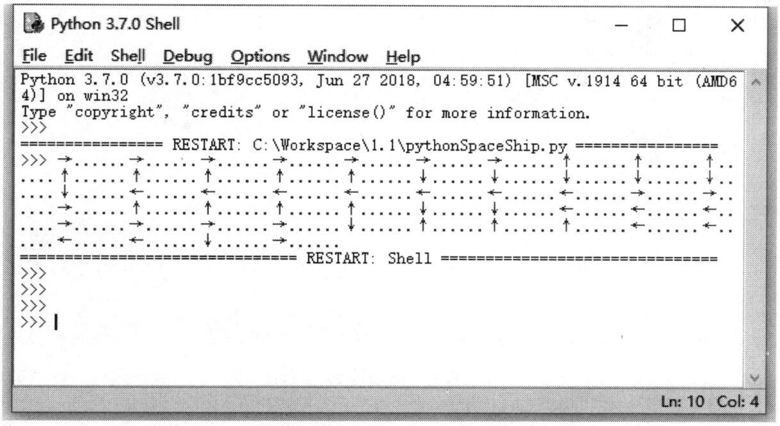

图 1-1　控制飞行方向

图 1-1 中的窗口标题写着 "Python 3.7.0 Shell"，它是 Python 程序的一个运行场所，你可以称它为"爱豆壳子"（IDLE Shell）。IDLE 是本书中 Python 编程所使用的编程环境，也是 Python 语言默认的编程环境。所谓编程环境，就像你写作业时需要课本、作业本、笔、橡皮擦，然后写完后要交给老师去批改，批改的结果会在作业本上展示出来。类似地，在你写程序的时候，也需要一

个能写代码的地方，还需要一些提示符、帮助修改代码的工具、能够将程序运行起来的命令，等等。随着科技的发展，科学家们已经把这些工具全部放到一块儿，做成一个程序，称为"集成开发环境"，简称"编程环境"。

经过你的驾驶，"派森号"飞船已经成功地避开了太空中的陨石，你可以继续用键盘的方向键来"控制"飞船。你一定很好奇：这个程序是如何实现的？下面就是它的代码在 IDLE 中编写时的样子，如图 1-2 所示。

```
pythonSpaceShip.py - C:\Workspace\1.1\pythonSpaceShip.py (3.7.0)        —    □    ×
File  Edit  Format  Run  Options  Window  Help
import PyHook3
import sys
def onKeyboardEvent(event):
    #print("Key", event.Key)
    if event.Key=='Up':
        print("↑", end='......')
    elif event.Key=='Down':
        print("↓", end='......')
    elif event.Key=='Left':
        print("←", end='......')
    elif event.Key=='Right':
        print("→", end='......')
    elif event.Key=='Return':
        sys.exit()
    else:
        print("请使用方向键！")
    return True


#航行的飞船
def main():
    # 创建一个"钩子"管理对象
    hm = PyHook3.HookManager()
    # 监听所有键盘事件
    hm.KeyDown = onKeyboardEvent
    # 设置键盘"钩子"
    hm.HookKeyboard()

if __name__ == "__main__":
    main()
                                                                      Ln: 2  Col: 10
```

图 1-2　代码示意图

目前这些代码对你来说可能还比较复杂，但是如果你迫不及待地想要亲自"驾驶"一下飞船，就必须让程序运行起来。

1.1.2　Python 编程环境的安装

不要着急，第一步，先安装 Python 的编程环境。到 Python 官方网站下载安装程序，网址为 https://www.python.org/。根据你所使用的操作系统，找到适合的下载链接。比如在 64 位的

Windows 系统中我们应使用 "Windows x86-64 executable installer"，下载到本地的文件为 "python-3.7.0-amd64.exe"。

双击 "python-3.7.0-amd64.exe"，开始安装 Python 环境，如图 1-3 所示。

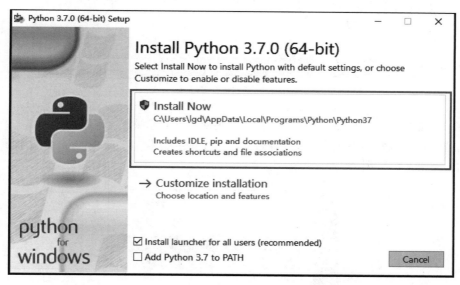

图 1-3　安装 Python

限于篇幅，接下来的步骤就不详细解释了，可以参考其他书。安装完成后就可以运行 IDLE 程序了。下面就让我们跟随西西船长，开始我们的 "派森号" 太空之旅吧！我已经等不及了！

出发！

1.2　"hello，我是派森号!"：第一条 Python 语句

公元 2049 年，"派森号" 飞船来到了阿尔法星球。面对船舱外陌生的外星居民，西西船长应该使用什么办法与他们沟通呢？对了，使用 "对话" 计算机！计算机目前已经是全宇宙通用的工具了。若使用计算机，需要先掌握一门计算机能够懂的语言，这样才能给计算机发送命令，计算机理解这些命令以后再根据命令的确切含义做出反应。

1.2.1　创建第一个 Python 程序

计算机能够懂的语言非常多，比如 C、Java、Python、Perl、R 语言等，未来 Python 可能会更为普及，就使用 Python 语言来给计算机发送指令吧！

西西船长通过飞船外的对话屏幕显示了 "hello，我是派森号!"，如图 1-4 所示。

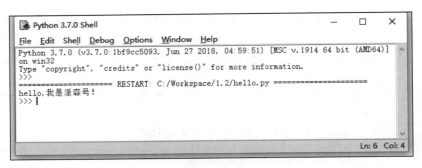

图 1-4　程序运行结果

这段在 IDLE 中显示的程序是怎样实现的呢？很简单，请你像我这样做。

首先，在搜索框输入"idle"，大小写都可以。选择匹配项"IDLE(Python 3.7 64-bit)"，打开 IDLE Shell，如图 1-5 所示。

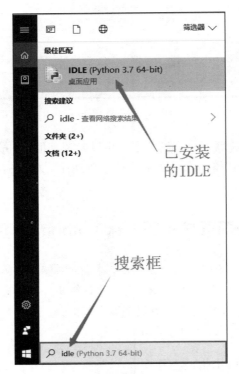

图 1-5　打开 IDLE

IDLE 有两种窗口——Shell 窗口和编辑窗口，默认打开的是 Shell 窗口，可以看到一个闪烁的光标出现在">>>"符号的右侧。这个">>>"符号叫作命令提示符，可以在光标处输入命令或表达式。请输入 print("hello, python"), 然后按回车键, 会出现如图 1-6 所示的结果。

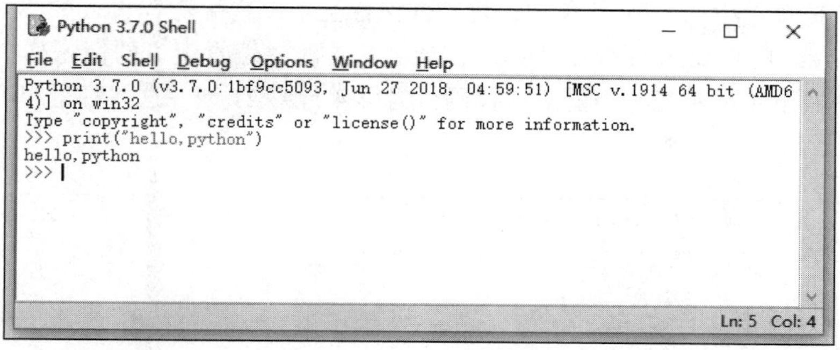

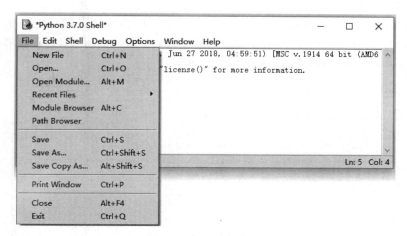

图 1-6　试用 IDLE Shell

输入的文字 "print" 是 Python 语言众多命令中的一个, 用于输出字符。"print" 后面括号中的部分是待输出的内容, 必须用一对引号引起来, 当然一对圆括号也是不可缺少的。回车执行后, 出现的蓝色文字 "hello, python" 便是命令执行的结果, 与我们设计的输出内容简直一模一样。什么? 没什么了不起?

那我们来看看另一个窗口——编辑窗口。新建一个文件, 此时会打开编辑窗口。选择 IDLE Shell 的 File 菜单, 选择 New File 菜单项, 如图 1-7 所示。

图 1-7　打开编辑窗口

在打开的编辑窗口中, 输入如下代码:

```
print("hello,我是派森号!")
print("hello,我是派森号!")
print("hello,我是派森号!")
```

```
print("hello,我是派森号！")
```

　　然后选择 File 菜单中的 Save 菜单项，将文件保存起来，这就是 Python 的源程序。保存好的文件扩展名是 .py，是 Python 源程序的标准扩展名。这时，编辑窗口的标题栏会显示源程序保存的文件路径，右下角显示光标当前所在代码行为第 4 行第 21 列，这些都是很有用的信息。如图 1-8 所示。

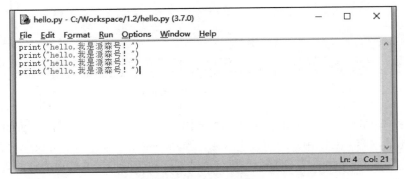

图 1-8　源程序编辑窗口

1.2.2　运行 Python 程序

　　Python 源程序是人类可以理解的文字，类似英文，需要翻译成计算机能理解的机器代码才能运行。那要怎么翻译呢？不用担心，IDLE 中已经包含了自动翻译的功能，就在菜单栏中的 Run 菜单下。单击菜单 Run → Run Module，执行后结果如图 1-9 所示。

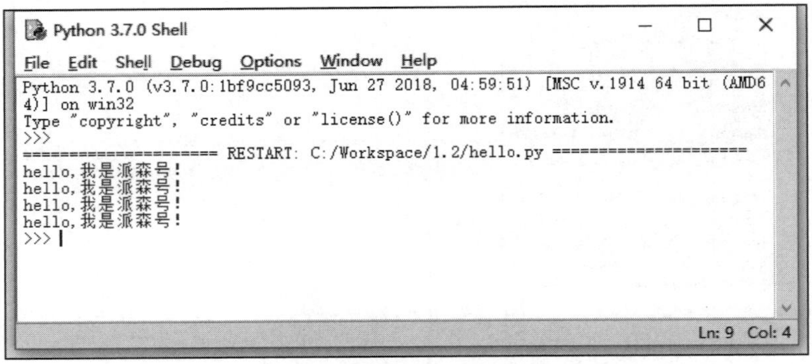

图 1-9　运行结果

　　如果西西船长想要告诉阿尔法星人："我们来自蓝色地球！为了躲避陨石雨来到你们阿尔法星球。"应该如何用 Python 程序实现呢？

【练一练】

试试看 print() 能否输出"1＋2"这样的数学算式，结果是怎样的？

1.3　IDLE 计算器：四则运算

派森号已经离开阿尔法星球 231 848 163 845 公里了，下一个目标是贝塔星，距离 98 384 721 861 公里。克里克里是派森号的工程师，他需要计算出阿尔法星球和贝塔星球之间的宇宙航程距离。

1.3.1　加、减、乘、除

他喜欢把 IDLE 当成计算器来使用。在 IDLE Shell 提示符后面输入：

```
231848163845+98384721861
```

按下回车键，瞬间 Python 就给出了计算结果，如图 1-10 所示。

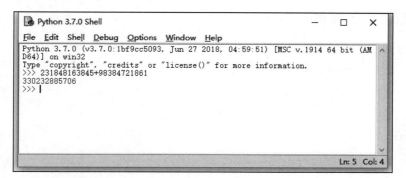

图 1-10　加法运算

同样，Python 可以完成加减乘除各种运算，如图 1-11 所示。

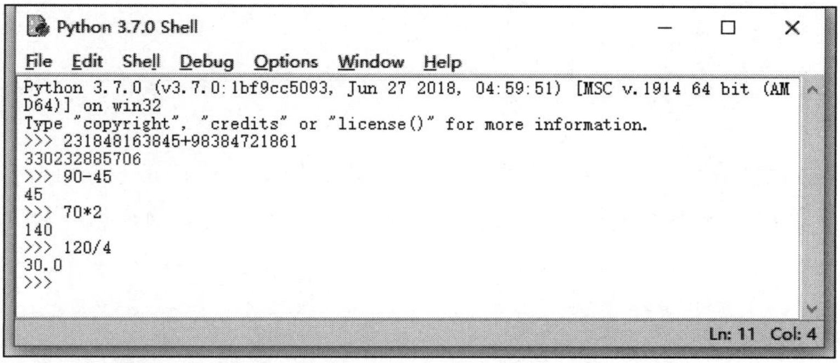

图 1-11　四则运算

需要指出的是，Python 并不认识我们通常使用的乘号（×）和除号（÷），键盘上也无法直接打出来，而是用星号（*）来表示乘，用斜杠（/）来表示除。

Python 还能做精确的小数运算。贝塔星的大气层直径大概为 119 207.83 公里，飞船的速度是第一宇宙速度，大概每小时 28.08 公里，克里克里工程师需要报告派森号飞船绕贝塔星一周的时间。利用 Python 来做小数运算是太简单不过了。他打开 IDLE，输入以下代码：

```
>>> 3.1415926*119207.83/28.08
13336.981360044803
```

利用周长公式：π 乘以直径，结果再除以飞船的速度，瞬间就计算出了派森号绕贝塔星大气层一周的时间是 13336.981360044803 小时。如果按贝塔星的 66.6 小时为一日的计时规则来计算：

```
>>> 13336.981360044803/66.6
200.25497537604812
```

大概需要 200 个"贝塔日"才能绕贝塔星一周。由此看来，贝塔星还真是个大家伙呢！

1.3.2　取模、求幂和向下取整

Python 除了可以完成常规的加、减、乘、除运算，还能完成下面三种运算。

1）取模：返回除法结果中的余数部分，运算符是百分号（%），例如：

```
>>> 16%3
1
>>> 16%4
0
>>> 16%3.5
2.0
```

2）求幂：返回 x 的 y 次幂，运算符是双星号（**），例如：

```
>>> 3**3
27
>>> 5**2
25
>>> 1.5**2
2.25
```

3）取整除（向下取整）：返回除法结果中商的整数部分，运算符是双斜线（//）。要注意的是，不管商是正数还是负数，向下取整后，结果总是比精确的商小。注意对比以下例子：

```
>>> 99/2
49.5
>>> 99//2
49
```

```
>>> -100/30
-3.3333333333333335
>>> -100//30
-4
```

从上面的例子可以看到，99/2 和 –100/30 都会得到有小数部分的结果。而 99//2 和 –100//30 均将结果向下取整，分别得到 49 和 –4，都比实际结果要小。所以，向下取整可以理解为向"小"取整。

Python 一共有 7 个算术运算符，下面让克里克里工程师来给大家总结一下，如表 1-1 所示。

表 1-1　Python 算术运算符总结

运算符	描　述
+	加法
–	减法
*	乘法
/	除法，结果包含小数部分
%	取模
**	求幂
//	向下取整

好了，听了克里克里工程师的报告，西西船长当即下令：放弃贝塔星这个庞然大物，改变航向，飞往范维尔小行星，寻找传说中的神秘盒子。

【练一练】

1＋2－3*4/5%6**7//8 的结果是多少？编程计算一下。

1.4　神秘的盒子：变量

范维尔星是鼎鼎大名的"Box"星球。整个星球都是由大小相同的神秘盒子组成，而且每个盒子都有一个与众不同的编号。大大小小的飞行器在这些盒子之间飞进飞出，不停地运送着货物。

1.4.1　什么是变量

西西船长的派森号在太空中经过了 121 个贝塔日，终于抵达了范维尔星附近。他们向星球总部发出了信号："请求分配一个盒子进行停靠！需要 8 个标准空间。"总部马上按派森号的请求为它准备了连续 8 个盒子的停机位，并把入口的空间编号"1A2DH"发送给西西船长，如图 1-12 所示。

励志照亮人生　　编程改变命运

图 1-12　给派森号分配的 8 个标准空间

派森号的驾驶员"菲菲兔"非常满意范维尔星总部的这项安排，她觉得这些盒子就像是计算机语言里面常常提到的"变量"。她向飞船上的其他人解释："计算机中有一块重要的空间，被分成一连串大小相同的单元，这块重要的空间叫作内存！"

"内存就像范维尔星上的盒子一样，可以存放不同大小的飞船。对吗？"船员大熊问。

"对！用不同数量的单元就可以存放各式各样的数据。数据越大，就需要更大的空间来存放，也就需要数量更多的内存单元。"菲菲兔提高嗓门强调说，"注意！如果把新的数据存放进相同位置的空间里，会自动将之前的数据覆盖掉！"

"那存放数据的时候可得小心呀，不要存错了位置。刚才分配给我们飞船的入口编号是多少来着？别听错位置，把别人的飞船给撞飞啦！"大熊赶紧喊道。

"确实是这样！"菲菲兔接着说，"程序设计语言给这些大大小小的空间起了个名字，叫作变量。"

"变量？听起来是可以变大变小变多变少的呀。"大熊又插嘴说。

"是的。为了存放不同大小的数据，计算机总是不断调整需要的单元数量，尽量做到空间大小刚刚好，既不会不够用，又不会浪费。"菲菲兔补充道。

"刚才给我们派森号分配的编号 1A2DH 就像是变量的门牌地址嘛！"西西船长接过话题说，"可是这些编号太难记住了呢！搞不好等下我们回来时就找不到我们的飞船了！"

"是呀，是呀！这些号码就称为变量的地址。"菲菲兔点点头，笑着说，"地址不太好记，在程序设计语言中也考虑到了这个问题。它允许使用者自己给每个存储空间起一个名字，叫作变量名，而且要求变量名必须是独一无二的呢！"

"哇！好神奇！"大家异口同声地说。

"太好了，就把咱们派森号停放的空间叫作 python_park_place 吧！"西西船长当下就命令把这个变量名上报给星球总部。

"果然是西西船长，您起的这个名字非常符合变量命名的规则呢！"菲菲兔说道，"变量命名第一规则就是——起个有意义的名字！"

1.4.2　变量的命名规则

"Python 中变量的名字可不是乱起的。"驾驶员菲菲兔说完又接着介绍了 Python 语言里变量命名的规则。

1）变量名只能包含字母、数字和下划线。可以以字母或下划线打头，但不能以数字打头。例如，可将变量命名为 bear_1，但不能将其命名为 1_bear。

2）变量名不能包含空格，但可使用下划线来做分隔。例如，变量名 a_good_bear 是正确的，但如果使用 "a good message" 则会引发错误。

3）不要使用 Python 保留的用于特殊用途的单词作为变量名。例如，print 作为变量名就是不允许的。

4）变量名应既简短又具有描述性。例如，bear 比 b 好，bear1 比 b1 好。

5）Python 语言区分大小写。例如，bear1 和 Bear1 是两个不同的变量名。

6）Python 中变量必须先定义才能使用。

菲菲兔打开 Python IDLE 给大家展示了一些合法的变量名和非法的变量名，变量命名不正确时，IDLE 会显示错误信息。

```
>>> python_park_place
Traceback (most recent call last):
    File "<pyshell#0>", line 1, in <module>
        python_park_place
NameError: name 'python_park_place' is not defined        # 变量名未定义
>>> python_park_place={" 派森号 "}
>>> python_park_place                    # 使用已定义的变量 python_park_place
{' 派森号 '}
>>> a good bear=" 大熊 "
SyntaxError: invalid syntax              # 语法错误。原因是变量名中有空格
>>> 1bear=" 大熊 "
SyntaxError: invalid syntax              # 语法错误。原因是变量名用数字开头
>>> a_good_bear=" 大熊 "
>>> bear1=a_good_bear                    # 变量名 bear1 和 a_good_bear 指向相同的变量
>>> a_good_bear
' 大熊 '
>>> bear1
' 大熊 '
```

可以使用 id() 函数来获取变量的地址。例如：

```
>>> a_good_bear=" 大熊 "
>>> bear1=a_good_bear
>>> id(a_good_bear)
2200321218320
>>> id(bear1)
2200321218320
```

可以发现，两个变量名所在的地址是一模一样的。这说明同一个变量可以有多个不同的变量名。

现在你明白了吧？变量只是一个存储空间，其中可以存放不同的内容，称为变量的取值。例如，上面例子中用变量名 a_good_bear 或 bear1 表示的变量的取值就是 "大熊"。

1.4.3　变量的总结

最后，菲菲兔给大家画了一张图，总结了一下内存、变量、地址、变量名和变量值的关系，如图 1-13 所示。弄清楚几个概念的意义和关系非常重要，往后的日子里，我们会经常与它们打交道。

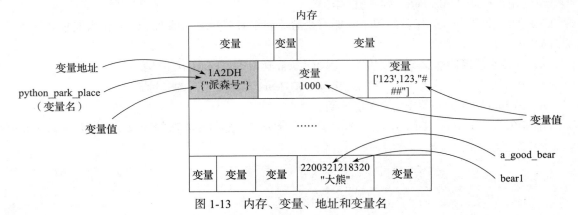

图 1-13　内存、变量、地址和变量名

"原来，范维尔星就是一个内存星球呀！咱们的飞船就是一个数据，存放在分配给我们的变量里！"克里克里说。

"告诉我们的号码就是变量的存储地址！"西西船长接着说。

"而我们伟大的西西船长给这个变量起了一个好记的名字——python_park_place，意思就是派森停放的地方，对吧？"大熊接着说。

"没错！这下我全明白了！"

【练一练】

（1）设变量 x＝26，y＝26，则它们和整数 26 是否占用相同的内存空间？如何获取它们的存放地址？

（2）可以将整数 26 的地址存放在一个变量里吗？如果可以，它存放在内存的什么地方？

1.5　星球日志：变量的赋值和作用

范维尔星人把将飞船停到范维尔星的盒子里这件事称为"泊入"，对应到程序设计语言里，把数据存放到变量里面这件事称为"输入"。

1.5.1　什么是赋值

输入有很多办法，最基本也是最简单的输入方式就是赋值。西西船长打开 IDLE，输入以下几行简单的代码：

```
>>> x=1
>>> y=2
>>> x
1
>>> y
2
>>> x+y
3
```

大熊看了看上面的代码，笑着说："我明白啦！ x 等于 1，y 等于 2，那么 x+y 就等于 3！太简单了！"

"No，No，No，你只说对了一半。"西西船长说，"代码中的等号（=），在这里可不是表示等于的意思，它被称为赋值号。赋值的意思是将赋值号（=）右边的数值存放到左边的变量里。比如 x=1，称为将变量 x 赋值为 1。但是你后面的一半说对了，当给变量 x 赋值 1，y 赋值 2 以后，x+y 就等于 3 了。但是注意看，这时是不需要使用等号的——直接写上 x+y，然后回车就可以计算出结果了。"

"这里 x 和 y 就是代表变量的变量名，可以反复给它们赋值，但是它们总是会保存最后一次的值，之前的值就被覆盖了。"

"我来试试！我来试试！"飞船上的医生格兰特蕾妮说着，在 IDLE Shell 中输入了以下代码：

```
>>> x=5
>>> x+y
7
>>> y=6
>>> x*y
30
```

给变量 x 重新赋值 5 以后，x+y 的结果变成了 7，再给 y 赋值 6 以后，x*y 的结果为 30。果然 x 和 y 之前的值都被替换成了最新的赋值。

"可是，我们大家都知道 2+5=7，5*6=30，为什么还需要先把数字赋值给变量，然后再用变量来做计算呢？"聪明的格兰特蕾妮问了一个尖锐的问题。

"问得好！"西西船长说，"因为现在我们只是用了一个极其简单的例子，使用变量的优势无法体现出来。我们来看一看稍微复杂的例子，你就能体会到为什么非要使用变量了。"

1.5.2　变量的作用

西西船长说："我这里有 4 本星球日志，记录了我们航行中经过的星球情况，现在要分发给大熊、格兰特蕾妮和克里克里 3 位船员。每人每次只能发 1 本，请问一共有多少种不同的分发办法？"

大家立马开始考虑各自想法来解决西西船长的问题。西西船长说："这个问题其实属于数学当中非常常见的排列组合问题，即求从 4 个数中取 3 个不同的数进行排列组合的结果。首先，将 4 本星球日志编号为 1 ～ 4，给三位船员也编号为 A、B、C。3 个人每次从 4 本星球日志中任选 1

本，即每人都有 4 种选择，由于 1 本日志不可能同时发给一个以上的人，因此只要这 3 个人所选日志的编号不同，就是一次有效的分发方法。听起来挺复杂，不过大家别急，现阶段我只是请大家体会一下使用变量的好处，请看以下代码。"

```
# 星球日志的分配
a,b,c,i=0,0,0,0
print("A,B,C 三位船员所得书号分别为：\n")
for a in range(1,5):                    # a，b，c 的取值范围都是 1，2，3，4
    for b in range(1,5):
        for c in range(1,5):
            if(a!=b and a!=c and c!=b):
                print(" 大熊：%2d 格兰特蕾妮：%2d 克里克里：%2d  "% (a,b,c))
                i+=1
                if(i%4==0):
                    print("\n")
print("%d 本星球日志共有 %d 种分发方法 \n" % (4,i))
```

在 IDLE 中新建一个文件，输入上面的代码，保存为 star_books.py，然后选择菜单 Run →
Run Module 运行程序，得到如图 1-14 所示的结果。

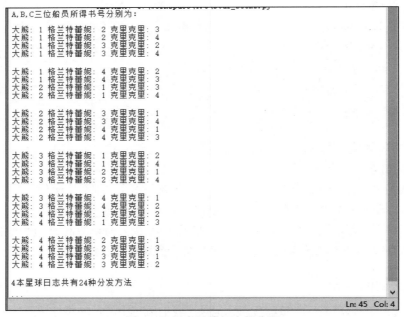

图 1-14　4 本星球日志的分配

"看，Python 很快就计算出 4 本星球日志一共有 24 种分发方法。"西西船长停顿了一下说，
"不过，如果现在又有一本新的星球日志要分配，那么有多少种分发方法呢？如果有 10 本或更多的日志要分配呢？"

"那就要不断地修改程序中所有出现数字 5 的地方，把 5 改成 6，或改成 10，或改成更大的数……这也太麻烦了吧！"大熊嘀咕道。

"说得好！如果我们用一个变量来存放星球日志的数量，会怎样呢？"西西船长请大家看下面修改后的代码。

```
# 星球日志的分配
N=6          # 星球日志的数量
a,b,c,i=0,0,0,0
print("A,B,C 三位船员所得书号分别为 :\n")
for a in range(1,N+1):
    for b in range(1,N+1):
        for c in range(1,N+1):
            if(a!=b and a!=c and c!=b):
                print(" 大熊 :%2d 格兰特蕾妮 :%2d 克里克里 :%2d  "% (a,b,c))
                i+=1
                if(i%4==0):
                    print("\n")
print("%d 本星球日志共有 %d 种分发方法 \n" % (N,i))
```

首先，在代码第 2 行创建了一个变量 N，给它赋值 6，用来代表星球日志的数量。再将原来代码中的数字 5 全部用变量 N+1 来替换。再次运行程序，就会得出 6 本日志分配的结果，如图 1-15 所示。

图 1-15　6 本星球日志的分配

励志照亮人生　编程改变命运

如果有更多的星球日志需要分配，只需要修改 N 的赋值就可以了，其他代码完全不需要修改。你们也可以试一试！

1.5.3 同时赋值多个变量

看来使用变量是很有必要的，Python 提供了同时给多个变量赋值的方法。

1）多个变量连续使用赋值符，它们将获得相同的值，例如：

```
>>> x=y=z=1
>>> x
1
>>> y
1
>>> z
1
```

2）赋值号左边的多个变量与右边的多个值一一对应，均用逗号（,）隔开，例如：

```
>>> x,y,z=3.14,"字符串",["列表"]
>>> x
3.14
>>> y
'字符串'
>>> z
['列表']
```

"我最喜欢这种赋值方式！"格兰特蕾妮欢呼着说，"你看，居然还可以给变量赋值不同类型的数据！"

再看看其他人，大家都忙着给自己创建的变量赋值去了！

【练一练】

（1）赋值语句"x, y, z = 1, x + 1, x + y"执行后，x、y、z 的值分别是多少？

（2）设 m = 1，n = 9，使用"m, n = n, m"可以交换变量 m、n 的值吗？

1.6 事物的本质：数值类型

公元 2050 年，"派森号"飞船正在宇宙中和平巡航，时不时会向路过的其他飞船打招呼：

```
print("hello, 我是派森号！")
```

机械师洛克威尔觉得在屏幕中输出一个"你好！"并没有什么了不起，要弄清楚事物的本质，熟悉 Python 语言，就要了解它的底层，也就是大家常说的基础。于是他找到西西船长，想了解一下 Python 中的数值类型。

1.6.1　Python 数值类型

西西船长告诉洛克威尔："Python 的变量本身是没有类型的，你说的变量类型，其实就是变量中存储的数据的类型。"

"哦哦哦，那您给我讲讲 Python 的数据类型吧！"洛克威尔睁大眼睛说。

" Python 的数据类型可以说是无穷无尽的，"西西船长停了一下，看着惊讶的洛克威尔，笑着说，"因为它支持用户自己创造数据类型。但是，所有其他的数据类型都是在 Python 的五大标准数据类型的基础上变化而来的。"

"哦哦哦，那您给我讲讲 Python 的标准数据类型吧！"

"听好了，Python 的五大标准数据类型是 Number（数值）、String（字符串）、List（列表）、Tuple（元组）、Dictionary（字典）。下面我们来说说最基本的类型——数值。"

数值数据类型用于存储数值。什么是数值就不用多说了吧？常见的数值类型分为整数和小数，它们都包含正数和负数，称为有符号数，比如：

整数：1、3、-5、0、247……

小数：3.14、6.33333333333、-7.1……

不过 Python 3 支持四种不同的数值类型：int（有符号整型）、float（浮点型）、complex（复数型）、bool（布尔型）。

1.6.2　int（有符号整型）

需要指出的是，计算机程序里有时候会采用十进制以外的其他进制来表示 int 型数值，如下所示。

二进制：0b001、0b111、-0B101010……在 Python 中表示二进制时需要在前面写一个数字 0 和一个英文 b（大小写都行）。例如：

```
>>> 0b001
1
>>> 0b111
7
>>> -0B101010
-42
```

八进制：0o147、0O23、-0o613……在 Python 中表示八进制时需要在前面写一个数字 0 和一个英文 O（大小写都行）。例如：

```
>>> 0o147
103
>>> 0O23
19
```

```
>>> -0o613
-395
```

十六进制：0x135、0X2AEF、-0xc7d4……在 Python 中表示十六进制时需要在前面写一个数字 0 和一个英文 x（大小写都行）。例如：

```
>>> 0x135
309
>>> 0X2AEF
10991
>>> -0xc7d4
-51156
```

当指定一个数值时，就会创建一个数值类型的变量。

```
>>> 1
1
>>> 2
2
>>> x1=1
>>> x2=2
>>> x1
1
>>> x2
2
```

数值类型是不可改变的，这意味着每一个不同的数值数据会被分配一个新的变量空间。我们可以用 id() 函数来获取变量空间的地址，从而判断数值是否存储在相同的位置，例如：

```
>>> id(1)
140720863499296
>>> id(2)
140720863499328
>>> id(x1)
140720863499296
>>> id(x2)
140720863499328
```

可以发现 1 和变量 x1 的取值都是数值 1，它们使用的变量空间实际上是一致的。同样，2 和赋值了 2 的变量 x2，也是指向同一个变量空间。

"我猜如果程序中有更多的变量都等于 1，甚至使用其他进制表示的 1，它们所使用的变量空间也都与数值 1 一样！"洛克威尔抢着说。

"不用怀疑，你说得对！"西西船长输入了以下代码：

```
>>> x13=0x0001
>>> id(x13)
```

```
140720863499296
>>> id(0b0000000001)
140720863499296
```

"果然不出所料啊！我对变量的概念更清晰了！"

"所以，我们通常把 x1、x2、x13 这样具有名字的变量称为对变量的引用——并不是新的变量，只是对数据的引用。就像图 1-16 那样。"

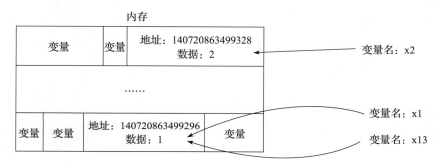

图 1-16   变量名是对数据的引用

使用 del 语句能够删除一些对象的引用，例如：

```
>>> del(x1)
>>> id(x1)
Traceback (most recent call last):
    File "<pyshell#29>", line 1, in <module>
        id(x1)
NameError: name 'x1' is not defined
```

删除 x1 的引用后，再使用 id(x1) 查看它的存储位置，结果程序报错：名字 'x1' 未定义。

了解完有符号整型，洛克威尔兴致高涨，迫不及待地问："那什么是浮点型呢?"

1.6.3   float（浮点型）

"浮点型用来处理实数，其实就是带有小数点的正负小数。"西西船长强调，"关键是要有小数点！"

看下面浮点型例子：

```
>>> 1.414
1.414
>>> f1=1.414
>>> f2=1.414
>>> 0.0
0.0
```

"我知道，上面的 f1、f2 都指向 1.414 这个浮点数，它们引用同一个变量。"洛克威尔抢着说，"这个 0.0 不就是等于 0 吗？所以它们也应该存在同一个内存区域。"

"哈哈，不对！"西西船长笑道，"0.0 虽然大小上等于 0，但是它们却属于不同的数据类型。0 是 int 型，而 0.0 则是不折不扣的 float 型。Python 提供了一个 type() 函数，可以显示数据或者变量的类型。"

```
>>> type(0)
<class 'int'>
>>> type(0.0)
<class 'float'>
```

"而且，使用 id() 函数也可以发现，0 和 0.0 根本不在同一个内存区域啊！"

```
>>> id(0)
140720514782208
>>> id(0.0)
2017084226680
```

你还会发现，对于浮点数，每次创建的变量都会重新占用一块新的内存空间，如下代码所示：

```
>>> f1=0.0
>>> f2=0.0
>>> f3=0.0
>>> f4=0.0
>>> id(f1)
2017084225072
>>> id(f2)
2017084226776
>>> id(f3)
2017084226680
>>> id(f4)
2017084226872
```

"果然浮点数和整数不一样啊！"洛克威尔又问，"除了整型和浮点型还有哪些数值类型呢？"

1.6.4   complex（复数型）

"复数是一种特殊的数，由实数部分和虚数部分组成，可以写成 $x+yj$，其中 x 是复数的实数部分，y 是复数的虚数部分，这里的 x 和 y 都是实数。"西西船长说完，看到大家都默不作声，接着说，"在浩瀚的宇宙中，有一种称为复平面的东西，它上面的每一个点都是由复数组成的。另外，在系统分析时，常常需要进行拉普拉斯变换，也要用到复数……"

"Stop！"洛克威尔苦笑着说，"您快别说了，还是给我讲点简单的吧！"

"行！目前你只需要了解 Python 中用 $x+yj$ 的形式或者 complex(a, b) 的形式表达复数就行了。

将来需要使用复数时，用 Python 就能轻松解决问题。"西西船长说，"现在，在 IDLE 里输入几个复数试试吧！"

```
>>> 3+4j
(3+4j)
>>> complex(3.0,4)
(3+4j)
>>> 3.4-5.6j
(3.4-5.6j)
>>> 3+4j-5-6j
(-2-2j)
>>> 1+3j+5-3j
(6+0j)
>>> -2-4j+2+4j
0j
>>> (1+1j)*(1-1j)
(2+0j)
>>> (9+9j)/(3j)
(3-3j)
>>> (9+18j)/(3-3j)
(-1.5+4.5j)
```

看来，复数也是可以进行加减乘除运算的呀！

1.6.5　bool（布尔型）

Python 3 中的 bool 类型只有两个数值——用关键字 True 和 False 来分别表示事物的真或假。

"保留字 True 和 False 其实也只是一个名字，它们表示的值其实是 1 和 0。"西西船长说，"不信，可以拿它们做做算术运算试试。"

```
>>> True+5
6
>>> False+5
5
>>> False*1000
0
>>> True/4
0.25
```

这也是为什么 Python 3 中把 bool 型的数据归为数值类型的原因。

"除了数值类型，这个宇宙还有很多不是数值类型的数据啊。Python 能表示非数值型数据吗？"洛克威尔问。

"当然可以。你忘了？咱们给别的飞船发出的消息就是另一种数据类型，叫作字符串。"西西船长说着，派森号已经自动降落在代号"STR"的星球上。

【练一练】

（1）请将以下整数从大到小排列：83, 0x63, 0o73, 0b111111。

（2）1000//True 的结果和 1000//False 的结果分别是什么？

1.7 STR 星球的问候：字符串

派森号降落在 STR 星球。照例，在降落前，派森号对外发出了友好的问候："你好！我是派森号。"

过了一会，派森号收到了来自 STR 星球的一条信息："✿☪❤☺☞☜♨✌✄⌐▭□❖。"大家都不知道这是什么意思。机械师洛克威尔看着屏幕若有所思："这就是西西船长说的字符串吧！"

1.7.1 什么是字符串

"Python 代码中用单引号（'）或双引号（"）括起来的部分称为字符串。"西西船长说，"就像我们说出来的话，要用引号括起来一样。"首先看几个例子：

```
>>> 'ABC'
'ABC'
>>> "abc"
'abc'
>>> "这是一个字符串"
'这是一个字符串'
>>> "123"
'123'
```

只要是用一对引号括起来的部分，无论是字母、数字，还是中文，统统都是字符串类型。以下是两个常见的错误，大家要注意了：

（1）误用中文引号

```
>>>"常见错误：中文字符串"
SyntaxError: invalid character in identifier
```

（2）单引号和双引号混用

```
>>> 'abc123"
SyntaxError: EOL while scanning string literal
```

"那刚才 STR 星球给我们发来的那些看不懂的符号，也是字符串吗？"洛克威尔不解地问。

"对！不过 Python 需要对它们特殊对待。"

1.7.2 转义字符

"对于一些特殊字符，可以使用反斜杠（\）来进行转义。"西西船长接着说，"比如刚才收到的信息，可以用下面的代码来显示。"

```
>>> print("\uf059\uf05a\uf04a\uf046\uf046\uf043\uf05e\uf050\uf068\uf072\uf076")
```

显示效果如图 1-17 所示。（注：由于 IDLE 编码问题，显示字符有所不同。）

图 1-17　显示转义字符

这些外星字符不是很常见，以下是咱们蓝色星人常用的转义字符，如表 1-2 所示。

表 1-2　转义字符

字符串	含　义
\'	代表一个单引号
\"	代表一个双引号
\n	代表一个换行符
\\	代表一个反斜杠
\r	返回光标至行首（从行首开始覆盖）
\t	水平制表符
\f	换页
\v	垂直制表符
\b	倒退（倒退一个字符开始覆盖）
\0	字符串，字符值为 0（空）
\0oo	oo 为两位八进制表示的字符
\xXX	XX 为两位十六进制表示的字符
\uXXXX	Unicode16 的十六进制字符
\UXXXXXXXX	Unicode32 的十六进制表示的字符

转义字符是什么意思？用 print() 函数来试一试就知道了：

```
>>> print('\'')
'
>>> print('\"')
"
>>> print('\n')              # 代表一个换行符

>>> print('\\')
\
```

"转义字符就是用反斜杠和它后面的字符来表示一些普通键盘里不容易输出的字符。"洛克威尔说道，"比如，一个双引号（"），如果不用 \" 来转义，计算机很可能会将其与字符串的开始或结束标记混淆。"

西西船长表扬洛克威尔说："你说得非常好！不过我要考考你，如果要输出一个反斜杠和一个 n，该怎么办呢？"

洛克威尔试了试，摇摇头说不知道。

```
>>> print('abc\n123')
abc
123
```

"可以在字符串前使用字符 r 强制其不发生转义。"西西船长又把洛克威尔的试验做了一遍。

```
>>> print(r'abc\n123')
abc\n123
```

1.7.3　字符串的运算

"Python 中的字符串还可以做'＋'和'＊'的运算。"西西船长神秘地说，"不过，这里既不是加法，也不是乘法。我们来看一看吧！"

```
>>> '123'+'4'
'1234'
>>> 'abc'*4
'abcabcabcabc'
```

"我看出来了。"聪明的洛克威尔马上说，"加号（＋）表示字符串的连接，乘号（＊）表示字符串的重复。"

"很好！除了字符串的连接和重复，Python 还支持字符串的截取。"西西船长告诉大家。先看一个例子：

```
>>> str1="我爱你中国"
>>> str1[0:3]
'我爱你'
>>> str1[3:5]
'中国'
```

列表的截取采用如下语法格式：

变量名 [开始位置索引 : 结束位置索引]

位置索引以 0 为开始值，依次往后数。如表 1-3 所示。

表 1-3　字符串的索引

位置索引	0	1	2	3	4
倒数索引	−5	−4	−3	−2	−1
字符串	我	爱	你	中	国

Python 规定截取字符串时不包含结束位置的字符。所以，str1[0:3] 就会得到 0、1、2 这三个位置的字符"我爱你"，str1[−5:−2] 也会截取到"我爱你"：

```
>>> str1[0:3]
'我爱你'
>>> str1[-5:-2]
'我爱你'
```

字符串开始和结束的位置都可以省略，例如：

```
>>> str1[:3]
'我爱你'
>>> str1[3:]
'中国'
>>> str1[-2:]
'中国'
>>> str1[:-2]
'我爱你'
```

"最后，大家必须要知道的是，"西西船长停顿一会儿说道，"Python 中的字符串是不能改变的。"

```
>>> str1[2]
'你'
>>> str1[2]='您'
Traceback (most recent call last):
    File "<pyshell#44>", line 1, in <module>
        str1[2]='您'
TypeError: 'str' object does not support item assignment
```

上面的代码试图将字符串"我爱你中国"中的"你"重新赋值为"您"，结果产生了错误。

"字符串可能是 STR 星球的人民最常用的数据类型。"西西船长说，"不过，下面要说到的第三大类数据类型才是 Python 中使用最频繁的数据类型。"

【练一练】

如何输出字符串：

乘坐"派森号"，开开心心学 Python 语言！

该字符串的长度是多少？如何截取其中的"Python"子串？

1.8　来点交互：输入输出

卡尔风星球开完运动会，派森号正要出发飞往别的星球。裁判长迪克纳瑞赶过来说："西西船长，能不能把那个运动会名册的程序送给我啊？以后我还用得着呢！"

"当然可以！"

"不过，我不是很懂 Python、字典什么的，能不能给个方便我输入的法子？"迪克纳瑞惭愧地说。

"这个，需要给程序添加一点交互的手段。"西西船长看了看洛克威尔后说道。

"交互是什么意思？"

1.8.1　什么是交互

"嘿，kiri。请告诉我什么是交互？"

"咚咕咚……"

"焦糊就是当飞船攻击敌人的时候，激光击中敌人飞船后，敌人飞船所呈现的效果。"

"西西船长，kiri 是不是坏了？"菲菲兔对派森号的对话机器人 kiri 的回答显然不太满意。

"这个……还是我来解释一下吧！"西西船长无可奈何地给大家解释。

程序就像一个黑盒子，数据从一头放进去，经过程序加工，再从另一头出来，如图 1-18 所示。

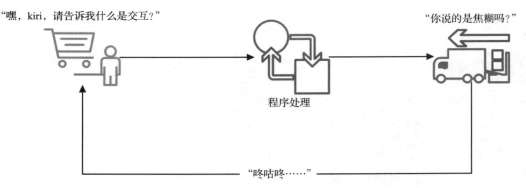

图 1-18　交互的示意图

把数据放到程序里面的过程我们称为输入，反之，从程序获取数据我们称作输出。程序的价值就是把输入的数据按要求加工好，然后再漂漂亮亮地提供出来。

输入和输出是交互的必要手段。像 Python 这样的高级语言，都会提供便捷的输入和输出手段。

1.8.2　格式化输出

关于前面我们已经多次使用过的 print()，大家已经很熟悉了。它就是 Python 语言中用来输出的最简单方法之一，无论什么类型的数据，只要放到圆括号中，都可以直接输出：

```
>>> print(1)
1
>>> print(False)
False
>>> print(3.14)
3.14
>>> print('这是一个字符串')
这是一个字符串
>>> print(['这是一个列表','经常会用到','print可以输出它','注意标点符号的写法'])
['这是一个列表','经常会用到','print可以输出它','注意标点符号的写法']]
>>> print(('这是一个元组','不可改变'))
('这是一个元组','不可改变')
>>> print({'这是一个集合',1,2,3})
{'这是一个集合',2,3,1}
>>> print({1:'这是一个字典',2:'运动会名册'})
{1:'这是一个字典',2:'运动会名册'}
```

很明显，如果要输出多个内容，只需要用逗号隔开它们，例如：

```
>>> print("你输入了三个数：",1,2,3)
你输入了三个数：1 2 3
```

"除此之外，print() 其实很强大，可以使用它进行格式化输出。"西西船长解释说，"格式化输出就是指将输出的内容按指定的格式展现。这样就可以输出更加友好的内容了！"说完她举了个简单的例子：

```
>>> t='Hello'
>>> x=len(t)
>>> print("字符串 %s 的长度是 %d" %(t,x))
字符串 Hello 的长度是 5
```

这次 print 并不是原样输出括号中的内容，而是使用了百分号（%）这样一个特殊字符，它有两个作用：

1）格式限定符：在前面的字符串中使用百分号加上一个特定含义的字母用于指定输出的格式，如上面代码中的 %s 和 %d。

2）格式输出引导符：在字符串后面写上百分号再加上变量名，表示需要格式化输出的变量，如有多个变量输出，用逗号隔开，再用圆括号包裹，如上面代码中的 %(t, x)。

格式限定符与须输出的变量按位置一一对应输出。例如上面代码中的变量 t 以 %s 形式输出，变量 x 以 %d 形式输出。

"明白了，格式限定符和变量对应嘛！"洛克威尔说，"但是这些格式限定符到底表示什么格式呢？"

"我来总结一下吧！"西西船长说，"全在表 1-4 中，注意大小写区分开哦！"

表 1-4　字符串格式转换类型

类型字符	含　义	举　例
d 或者 i	带符号的十进制整数	`>>> print("%d,%i"%(3.14,-1.5))` `3,-1`
u	不带符号的十进制	`>>> print("%u"%0xFF)` `255`
o	不带符号的八进制	`>>> print("%o"%89)` `131`
x, X	不带符号的十六进制	`>>> print("%x,%X"%(0xFF,0xEE))` `ff,EE`
f, F	十进制浮点数	`>>> print("%f,%F"%(1/3,2/3))` `0.333333,0.666667`
e, E	科学记数法表示的浮点数	`>>> print("%e,%E")"%(1/3,2/3))` `3.333333e-01,6.666667E-01`

g, G	如果指数大于 −4 或者小于精度值则与 e (E) 相同，其他情况与 f (F) 相同	`>>> print("%g,%G"%(1/3,2/3))`
		`0.333333,0.666667`
		`>>> print("%g,%G"%(0xFFFFFF,0xEEEEEE))`
		`1.67772e+07,1.56587E+07`

c	单字符（接受整数或者单字符字符串）	`>>> print("%c,%c"%('#',64))` `#,@`
r	字符串（使用 repr 转换任意 python 对象）	`>>> print("%r"%'ab\nc')` `'ab\nc'`

s	字符串（使用 str 转换任意 python 对象）	`>>> print("%s"%'ab\nc')`
		`ab`
		`c`

格式化操作符还有一些辅助指令，如表 1-5 所示。

表 1-5　格式化输出辅助指令

符号	功　能	举　例

m.n	m 是显示的最小总宽度，n 是小数点后的位数	`>>> pi=3.141592653`
		`>>> print('%10.3f' % pi)   #字段宽10，精度3`
		`    3.142`

*	定义小数点后保留的精度	`>>> pi=3.141592653`
		`>>> print("pi = %.*f" % (3,pi))`
		`pi = 3.142`
		`>>> print("pi = %.*f" % (4,pi))`
		`pi = 3.1416`

（续）

符号	功　能	举　例
–	左对齐	`>>> print('%-10.3f' % pi) #左对齐` `3.142`
+	在正数前面显示加号（+）	`>>> print('%+f' % pi) #显示正号` `+3.141593`
空格	在正数前面显示空格	`>>> print('% f'%pi)` ` 3.141593`
0	显示的数字前面填充 "0" 而不是默认的空格	`>>> print('%010.3f'%pi)` `000003.142`

#	在八进制数前面显示零（"0o"），在十六进制前面显示 "0x" 或者 "0X"	`>>> print('%#o'%89)`
		`0o131`
		`>>> print('%#x'%1234)`
		`0x4d2`

另外，print() 默认以换行结束，也就是说每个 print() 语句执行后都会换行。比如，print() 会输出一个空行：

```
>>> print()

>>>
```

如果不想这样，print() 还提供了一个 "end" 关键字，利用它可以指定任意字符作为 print() 的结束符，用法如下：

```
>>> print(' 你好 ')
你好
>>> print(' 你好 ',end='')
你好
>>> print(' 你好 ',end=' 呀 ')
你好呀
>>> print(' 你好 ',end='>>>>>>>>>>')
你好 >>>>>>>>>>
```

由代码可知，在所有要输出的数据最后用一个逗号分隔，再写一个 end，然后给它赋值想要作为结束符的字符串就可以了。

1.8.3　input 输入

"说完了输出，再说说输入。"西西船长长舒一口气接着说，"前面讲过的赋值，是直接在程序里输入数据，并不是真正意义上的用户输入。Python 提供了一个叫作 input 的输入方法，可以让用户自己从键盘进行输入，大家看下面代码就明白了。"

　　　　　　　　　　　　励志照亮人生　　编程改变命运

```
#用户输入
x=input()
print(x)
```

代码 input() 会等待用户输入一些信息，程序运行后会有一个光标闪烁提示，表示等待用户输入。如图 1-19 所示。

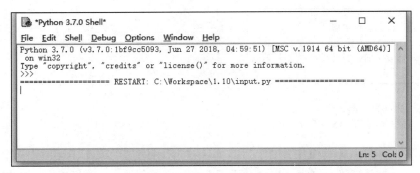

图 1-19　等待用户输入

输入完按键盘回车键，系统就会将用户输入的信息转换成字符串赋值给变量 x，然后 print(x) 就会把 x 的内容输出到屏幕上。如图 1-20 所示。

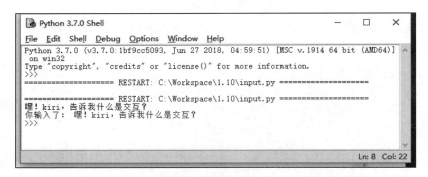

图 1-20　输入和输出

"在请用户输入的时候，需要给出一些提示信息，好让用户知道自己在干什么。"西西船长告诉大家，可以给 input() 设计一个提示字符串。

```
#用户输入
x=input("hello, 我是 kiri, 请问有什么吩咐？（按回车键发送）: ")
print(" 你输入了: ",x)
```

运行程序，输入"1＋2"，得到结果如图 1-21 所示。

```
>>>
=============== RESTART: C:\Workspace\1.10\input.py ===================
hello, 我是kiri，请问有什么吩咐？（按回车键发送）: 1+2
你输入了：1+2
>>>
                                                          Ln: 14  Col: 9
```

图 1-21　带用户提示的输入

1.8.4　input 结果的类型

前面这个输出结果可能不尽如人意，因为它并没有告诉我们 1+2 等于几。这是因为 input 会将用户的任何输入都原样转换成字符串。1+2 被转换成 "1+2"，当然不会计算出什么结果。如果想要计算结果，还得对程序做一些处理。西西船长说着，又创建了另一个程序，保存在 C:\Workspace\1.8\in_out.py，代码如下：

```
# 用户输入
x=int(input("hello, 我是kiri，请输入一个整数。（按回车键发送）: "))
y=int(input("hello, 我是kiri，请再输入一个整数。（按回车键发送）: "))

print("%d+%d 的结果是%d:"%(x,y,x+y))
```

int() 方法的括号把整个 input() 部分都包含在内，它表示把 input() 获取到的用户输入转换成整数类型，然后再将这个整数赋值给变量 x。同样的，把另一个用户的输入转换成整数，再赋值给 y。这样，在 print() 中的 x+y 就会计算两个整数的和了。

运行程序，结果如图 1-22 所示。

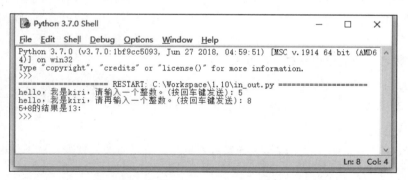

图 1-22　将用户输入的内容进行类型转换

需要注意的是，input() 的结果是字符串，而字符串并不能转换成所有类型。比如，如果用户不按照提示信息来输入，可能会出现错误。

```
hello, 我是kiri，请输入一个整数。（按回车键发送）: 我偏不
Traceback (most recent call last):
```

```
     File "C:\Workspace\1.8\in_out.py", line 2, in <module>
        x=int(input("hello, 我是 kiri, 请输入一个整数。(按回车键发送): "))
ValueError: invalid literal for int() with base 10: '我偏不'
```

IDLE 会告诉你"我偏不"这个字符串无法被 int() 转换。

【练一练】

让用户输入一个代表金额的数字，然后将它格式化并输出，要求以" RMB"字符串开头，左对齐，保留 2 位小数。

1.9　Python 的基石：函数和模块

"宇宙万物，无穷尽，万般变化源于基石。Python 的基石就是函数和模块。"

1.9.1　什么是函数

菲菲兔注意到 Python 中有很多像 print()、input()、int()、list() 这样的代码，只需要在圆括号中填入不同的数据，就会得到想要的结果。

"真是太方便了！"菲菲兔说。

西西船长见了，告诉菲菲兔："它们在 Python 中有一个名字，叫作函数。"她还告诉菲菲兔一些关于函数的常识。

函数其实就是一些已经写好的 Python 程序，由于它们太常用了，Python 就干脆将这些常用的程序收藏起来，并且按用途给它们起一个好记的名字，这样在以后写程序的时候，就可以反复使用它们。

函数由函数名、圆括号和参数列表组成，例如：

```
>>> print('abc','123',end='>>>')
abc 123>>>
```

1）print 就是这个函数的函数名。

2）" 'abc', '123', end='>>>'"就是它的参数列表。之所以叫参数列表，意思是可以有很多个参数，中间用逗号隔开。

这个函数执行的结果是显示字符串" abc 123>>>"，这是一种动作。有的函数的执行结果是返回一定的数据，例如：

```
>>> x=input("输入整数：")
请输入整数：3
>>> print(x)
3
```

可以看到 input() 函数执行后会返回用户输入的字符 '3'，称为函数的返回值。将函数整个赋值给变量 x 的写法，其实就是把函数返回值赋值给 x。

"那么 print 这样的函数就没有返回值了吧？"机灵的菲菲兔试着问。

"你试试不就知道了？"西西船长眨巴着眼说。

菲菲兔输入了以下代码：

```
>>> y=print(' 试一试 ')
试一试
>>> print(y)
None
```

这里的代码尝试将 print(' 试一试 ') 赋值给变量 y，结果赋值号右边的 print() 函数先执行了，输出了字符串"试一试"。然后再看看变量 y 到底获得了什么值，结果是 None。None 在 Python 中的意思就是"什么也没有"。

"函数有的有返回值，有的没有返回值。"菲菲兔说，"果然如此啊！"

1.9.2　内部函数和自定义函数

"像 print() 这样的函数，Python 已经给我们准备了许多，关于它们的代码具体怎么实现，我们不需要深入了解，只需要了解怎么用就行，这样的函数就称作内部函数。"西西船长继续给大家介绍什么是函数。

"有内部函数，就有外部函数吧？"菲菲兔问。

"聪明！ Python 中除了已经定义好的内部函数，也支持用户自己创造新的函数。"西西船长说，"不过这些新函数一般不叫作外部函数，而是叫作自定义函数。用户自定义函数时，需要使用关键字 def，然后给出函数的函数名和参数列表信息。"说完，她专门创建了一个 Python 文件，来演示如何创造自定义函数。文件保存在 C:\Workspace\1.9\def_func.py，代码如下：

```
def add1():
    # 给出一个提示信息，请用户输入
    print(" 计算两个数的和 ")
    # 从键盘输入一个数
    a=float(input(" 输入第一个数 :"))
    # 再从键盘输入一个数
    b=float(input(" 输入第二个数 :"))
    # 执行两个数相加并输出
    print('%f+%f=%f'%(a,b,a+b))
    # 程序结束语
    print(' 计算完毕 ')
```

上面的代码首先使用 def 关键字，然后指明函数名叫作 add1，没有参数，但是圆括号还是必须有。与其他程序设计语言不同，Python 函数定义时不需要指明参数的类型和返回值的类型。最后输入一个冒号（:），表示函数的具体代码部分要开始了。冒号后面的代码被称作函数体。回车换行后，代码会自动缩进。

"自动缩进是 Python 代码的一大显著特征。Python 用缩进表示代码之间的层级关系。"西西船长说。

运行程序！结果……什么结果也没有出现。这是怎么回事呢？

1.9.3 函数调用

菲菲兔仔细想了想，回过神来了，说："我知道了。因为用 def 只是定义了一个函数。我们还没有使用它呀！"说着，她在运行过程序的 IDLE 提示符后输入了以下代码：

```
>>> add1()
计算两个数的和
输入第一个数：5.555
输入第二个数：6.666
5.555000+6.666000=12.221000
计算完毕
```

使用函数也称作函数的调用。当程序执行到函数调用的地方时，程序就转向函数内部执行，直到函数体代码执行完毕，再返回函数调用的后面一行代码继续执行。函数调用和返回的过程如图 1-23 所示。箭头表示了程序中语句执行的顺序。

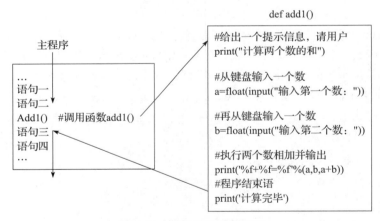

图 1-23　函数的调用和返回

函数也可以写成更简单的形式。在上述代码后面创建另一个函数，叫作 add2(a, b)，代码如下：

```
def add2(a,b):
    return float(a)+float(b)        # 返回值
```

函数 add2 有两个参数 a 和 b，而且函数中使用了关键字 return，return 的后面就是需要返回的值，也叫作函数值。这个函数的函数体虽然只有一行，但是已经可以解决问题了。

在定义完函数以后就可以使用它们了。比如在文件后面输入以下代码：

```
# 调用函数
add1()
print('================ 分隔线 ================')
print(" 计算两个数的和 ")
# 从键盘输入一个数
m=float(input(" 输入第一个数 : "))
# 再从键盘输入一个数
n=float(input(" 输入第二个数 : "))
print(add2(m,n))
```

代码中 add1() 和 add2(a, b) 两处分别调用了 add1 和 add2 函数。运行程序，结果如图 1-24 所示。

```
>>>
=================== RESTART: C:\Workspace\1.9\def_func.py ===================
计算两个数的和
输入第一个数: 1.23
输入第二个数: 3.45
1.230000+3.450000=4.680000
计算完毕
================分隔线================
计算两个数的和
输入第一个数: 5.555
输入第二个数: 6.666
12.221
>>>
```

图 1-24　调用函数示例

函数调用时有 3 条规则需要注意：

1）调用时参数个数要与函数定义时的个数一致。比如 add2(a, b) 定义中有两个参数，那么调用时也要给两个参数，比如 add2(3, 4)。

2）调用时参数的类型要符合函数定义时的要求。但是 Python 函数定义时并不会明显地指出需要的参数类型，只在函数体中体现。所以调用函数前一定要弄清参数的类型，以免出错。比如使用 add2('m', 'n') 调用函数，肯定会出错：

```
>>> add2('m','n')
Traceback (most recent call last):
    File "<pyshell#1>", line 1, in <module>
        add2('m','n')
    File "C:\Workspace\1.9\def_func.py", line 14, in add2
        return float(a)+float(b)      # 返回 a+b 的值
ValueError: could not convert string to float: 'm'
```

因为函数体中需要将两个参数都转换成浮点型，显然字符串不能被成功转换。

3）调用时参数的顺序也需要和函数定义时一致。比如 add2(3, 4) 调用函数时，3 就会赋值给参数 a，4 就会赋值给参数 b。

"函数在 Python 程序中随处可见，我们以后还会遇到更多的函数！"

1.9.4　模块

严格来说，都是在其他文件里调用函数。先注释掉刚才的函数调用，然后建立另一个 Python 文件，保存为 C:\Workspace\1.9\evoke_func.py，与 def_func.py 放在同一个文件夹。代码如下：

```
# 调用其他模块里的函数
import def_func

# 调用 add1
def_func.add1()
print('================ 分隔线 ================')

# 调用 add2
print(" 计算两个数的和 ")
# 从键盘输入一个数
m=float(input(" 输入第一个数： "))
# 再从键盘输入一个数
n=float(input(" 输入第二个数： "))
print(def_func.add2(m,n))
```

首先，必须要写这样一条 import 语句：

```
import def_func
```

它表示将 def_func 模块导入本文件中。导入模块后，就可以使用 def_func 文件中的函数了。需要注意的是，调用模块中的函数时，需要先写上模块名，加上点号 (.)，再加上函数名，如：

```
def.func.add1()
def.func.add2(m,n)
```

Python 中把一个文件当作一个模块，但要注意，在代码中导入模块不需要写扩展名 " .py"。比如写成如下所示，就会报错：

```
>>> import def_func.py
Traceback (most recent call last):
    File "<pyshell#0>", line 1, in <module>
        import def_func.py
ModuleNotFoundError: No module named 'def_func.py'; 'def_func' is not a package
```

说到模块，同函数一样，Python 也事先准备了很多内部模块，里面已经写好了很多内部函数。

"光学习这些内部模块和它们的内部函数就是一件很耗时的事情！"菲菲兔有些泄气。

"别灰心，现在不需要一口气把所有模块和函数都学会，"西西船长给船员们打气，"在需要的时候再专门学习，会更有针对性呢！"

【练一练】

写 5 个自定义函数，分别计算加、减、乘、除和取余。然后创建一个主程序 main.py，在里面调用这 5 个函数。

1.10 一些常识：异常和注释

一天，菲菲兔不小心向飞船发送了一个错误的指令。派森号马上发出了尖锐的警告声，并且在屏幕上用红色字体打出了警告消息："Error order：主机不接受该指令。"

1.10.1 语法错误

大家都在笑话菲菲兔搞错了指令，西西船长大声制止大家："Stop！谁也不能保证自己百分百不会犯错吧！"

"嗯嗯嗯！"菲菲兔连忙点头。

西西船长接着说："所以，我们需要一个异常处理机制，能够在我们出错的时候告诉我们错在哪里。就像 Python 语言里的警告一样。"

其实在前面大家试验的程序中，经常会收到 Python 的错误警告，比如：

```
>>> 2x=2*x              # 非法变量名
SyntaxError: invalid syntax
```

显然，如上代码中使用了不合语法的变量名。在编写代码的时候，有一类最容易察觉的错误，它通常是由输入代码时的疏漏造成的，称为"语法错误"。

语法错误也称为解析错误，英文为" Syntax Error"，它表示代码中出现了不符合 Python 语法要求的错误。一旦运行程序，语法错误会立即被 Python 的语法分析器察觉，并给出一个错误提示，简单指出是什么错误。例如：

```
>>> print(i)            # 变量未定义
Traceback (most recent call last):
    File "<pyshell#4>", line 1, in <module>
        print(i)
NameError: name 'i' is not defined
>>> '12345'=12345          # 试图给字符串赋值
SyntaxError: can't assign to literal
>>> list(12345)            # 试图将整数转换成列表
Traceback (most recent call last):
    File "<pyshell#7>", line 1, in <module>
        list(12345)
TypeError: 'int' object is not iterable
```

励志照亮人生　编程改变命运

"语法错误，属于最容易发现的一种错误类型。"西西船长说。

"那就是说还有不容易发现的错误啦？"菲菲兔问。

1.10.2 异常

"确实是这样。在写程序时，即使语法都是正确的，有时还是可能出现错误。"西西船长说，"就像我们站在地球上，非要说太阳围着地球转。这虽然非常符合人类语言的语法格式，但是大家都知道这是个错误。Python 语言里也有这种现象。"

说完，西西船长建立了一个示例文件，保存为 C:\Workspace\1.9\exception_ex.py，代码如下：

```
# 异常的示例
print(" 除法示例 ")
x=int(input(" 请输入被除数：" ))
y=int(input(" 请输入除数：" ))
print("%d 除以 %d 的商为 %d，余数为 %d"%(x,y,x/y,x%y))
```

代码让用户输入一个被除数和一个除数，然后计算并输出商和余数。西西船长运行了几次程序，结果如图 1-25 所示。

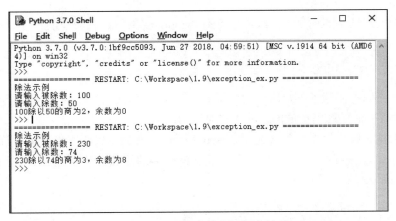

图 1-25　没有触发异常的程序结果

这似乎是一个完美的程序，直到给程序输入了 0 作为除数，结果如图 1-26 所示。

```
================ RESTART: C:\Workspace\1.9\exception_ex.py ================
除法示例
请输入被除数：300
请输入除数：0
Traceback (most recent call last):
  File "C:\Workspace\1.9\exception_ex.py", line 5, in <module>
    print("%d除以%d的商为%d，余数为%d"%(x,y,x/y,x%y))
ZeroDivisionError: division by zero
>>>
```

图 1-26　触发了异常的程序结果

这次，IDLE 发出了通红的错误警告："除零错误。"除此之外，这个警告中还包含一些有用的信息：它指出出错的文件是 " C:\Workspace\1.9\exception_ex.py"，错误在第 5 行（line 5）。接下来的事情就是更正错误了。

1.10.3　注释

"既然只要有错误，IDLE 就会发警告。那么岂不是只要埋头写代码就行了？"菲菲兔高兴地说。

"虽说 IDLE 提供了一些方便，但是写代码还是要有一些好的习惯。"西西船长说，"比如多写点注释，就是一个非常重要的好习惯。"

"什么是注释？"菲菲兔又问。

"我们其实已经见过多次了，就是在井号（#）后面出现的那些文字。"西西船长说，"注释是对程序的说明，不影响程序的执行。但它的确很重要，特别是程序很长的时候，如果没有注释，那些代码可能过几天连自己都看不懂了。"

注释还有一个用处，可以用来设计你的程序。你可以这样写一个程序，即使你不会 Python 或其他计算机语言：

```
# 给出一个提示信息，请用户输入
# 从键盘输入一个整数
# 再从键盘输入一个整数
# 如果用户不是输入的整数
# 那么告诉他输入不符合要求
# 如果用户输入的是整数
# 那么请用户选择一个操作符
# 如果用户选择 1，表示加
# 那么执行两个整数相加
# 输出
# 如果用户选择 2，表示减
# 那么执行两个整数相减
# 输出
# 如果用户选择 3，表示乘
# 那么执行两个整数相乘
# 输出
# 如果用户选择 4，表示除
# 那么执行两个整数相除
# 输出
# 程序结束语
```

怎么样？虽然全部是注释，但不可否认，这就是 Python 程序，注释也是 Python 语言的组成部分。而且，有了这段注释，一个有一点儿 Python 基础的人就可以很容易地写出像样的 Python 程序来了。

菲菲兔高兴地说："我有点儿喜欢写注释了呢！"

第2章　复杂类型和选择

2.1　药品清单：列表类型

队医格兰特蕾妮正在忙碌地清点派森号飞船上最近补充的一批药品：聪明药丸 20 件、力量冲剂 35 件、速度胶囊 52 件、耐力粉末 40 件、视力口服液 10 件……

她打算用 Python 语言创建一个程序，把这些药品信息一条条地记录下来。不过有件事情让她伤透脑筋——如果给每种药品起一个变量名，再给每种药品的数量也起一个变量名，那得想多少个互不相同的名字才行呀！

西西船长问明缘由，对格兰特蕾妮说："为什么不试试列表呢？"

2.1.1　什么是列表

西西船长打开 Python IDLE Shell，选择 File → New File 菜单，新建了一个 Python 文件，保存为 C:\Workspace\2.1\medicine_list.py，并输入如下所示代码：

```
# 药品列表
medicine_name=['聪明药丸','力量冲剂','速度胶囊','耐力粉末','视力口服液']
medicine_number=[20,35,52,40,10]
print('药品名称：',medicine_name)
print('对应药品数量：',medicine_number)
```

"这个 medicine_list.py 就是 Python 的源程序文件吧？"格兰特蕾妮问，"那怎么运行这个程序呢？"

"很简单！"西西船长一边说一边演示。点击 IDLE 的 Run → Run Module 菜单命令即可运行程序，如图 2-1 所示。

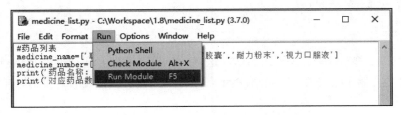

图 2-1　执行 Run Module 菜单命令

"Python IDLE 的内部有一个将 Python 代码自动转换成计算机能够识别的机器码的程序，叫作解释器。"西西船长解释说，"然后，计算机就会按程序要求展示结果给我们了。"

程序 medicine_list.py 运行的结果如图 2-2 所示。

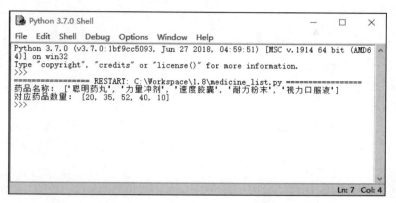

图 2-2　medicine_list.py 的运行结果

"真厉害！我看到你只用了两个变量名 medicine_name 和 medicine_number 就可以把所有的药品名称和药品数量都存进计算机了！这是怎么做到的呢？"

"这里就用到了 Python 中最常见的一种数据类型，叫作列表（List）。"西西船长说，"列表类型的表现形式很简单，用方括号（[]）括起来就行了。"

2.1.2　列表的使用

列表的方括号中可以存放多个数据，每个数据称为一个列表元素，元素之间用逗号（,）隔开。给列表起一个好记的名字，如 medicine_name，就可以通过列表名引用整个列表了。例如：print(medicine_name) 就会输出整个列表。

"要是我只是想使用列表中的某一个元素，该怎么办呢？"格兰特蕾妮问。

"采用列表的下标。"西西船长回答，"下标也叫作索引，是为列表中的每一个元素分配的一个数字，表示元素在列表中的位置。如果要访问某一个元素，就在列表名后面加上这个元素的索引。"

```
>>> medicine_name[0]
'聪明药丸'
>>> medicine_number[0]
20
>>> medicine_name[2]
'速度胶囊'
>>> medicine_number[2]
52
```

"让我来试试！让我来试试！"格兰特蕾妮输入了以下代码：

```
>>> medicine_name[5]
Traceback (most recent call last):
    File "<pyshell#4>", line 1, in <module>
        medicine_name[5]
IndexError: list index out of range
```

程序报错了——"IndexError: list index out of range"，意思是列表下标超出范围了。"可是，这个 medicine_name 里明明有 5 个元素，我写个 medicine_name[5] 难道不应该输出'视力口服液'吗？"格兰特蕾妮不解地说。

"下标越界，这是引用列表元素时的一个常见错误，要注意哦！"西西船长说，"列表中元素的下标是从 0 开始，而不是从 1 开始的。所以，很显然，第 5 个元素的下标应该是 4 呀！"

```
>>> medicine_name[4]
'视力口服液'
```

"原来如此！使用列表还有哪些要注意的呢？"
"列表的功能可多呢！"西西船长笑着说。

2.1.3 列表的操作

1）列表支持截取其中的一部分元素。例如：

```
>>> medicine_name[1:3]
['力量冲剂', '速度胶囊']
>>> medicine_number[0:4]
[20, 35, 52, 40]
```

2）列表的元素可以是不同的数据类型。例如：

```
>>> medicine1=['力量冲剂',20]
>>> medicine2=['聪明药丸',35]
>>> medicine1
['力量冲剂', 20]
>>> medicine2
['聪明药丸', 35]
```

这两个列表的元素都是既有字符串，又有数值，它们待在同一个列表中很和谐。甚至列表元素也可以是另一个列表。例如：

```
>>> medicines=[medicine1,medicine2, '速度胶囊', '耐力粉末',40,10]
>>> medicines
[['力量冲剂', 20], ['聪明药丸', 35], '速度胶囊', '耐力粉末', 40, 10]
```

3）len() 函数：获取列表长度。

```
>>> list1=[1,2,3,'a','b','c']
>>> len(list1)
6
```

列表 list1 一共有 6 个元素，我们说 list1 的长度是 6。

4）max() 函数：获取列表元素的最大值。

```
>>> medicine_number=[20,35,52,40,10]
>>> max(medicine_number)
52
```

需要说明的是，如果元素的数据类型是字符串，字符串的大小是由字符的编码大小决定的。

5）min() 函数：获取列表元素中的最小值。

```
>>> medicine_number=[20,35,52,40,10]
>>> min(medicine_number)
10
```

"这些函数也可用于字符串。"西西船长补充道，"因为列表和字符串都属于序列类型。"

```
>>> min('1234567')
'1'
```

6）list() 函数：可以从一个序列类型创建一个列表。

```
>>> list("格兰特蕾妮")
['格', '兰', '特', '蕾', '妮']
```

7）列表之间还可以做运算。例如：

```
>>> [1,2,3]+['a','b','c']          #列表组合
[1, 2, 3, 'a', 'b', 'c']
>>> ['力量冲剂']*3                  #列表重复
['力量冲剂', '力量冲剂', '力量冲剂']
```

"哇！列表使用起来真是很灵活呢！"格兰特蕾妮欢呼道。

2.1.4 列表的方法

"不止这些，Python 的列表还有许多有用的方法。听我慢慢说。"

1）添加新元素，使用 append()，例如：

```
>>> medicine_name=[]                #一个空列表，一个元素也没有
>>> medicine_name
[]
```

```
>>> medicine_name.append('聪明药丸')          # 添加一个元素
>>> medicine_name
['聪明药丸']
>>> medicine_name.append('力量冲剂')          # 再添加一个元素
>>> medicine_name.append('速度胶囊')          # 再添加一个元素
>>> medicine_name
['聪明药丸', '力量冲剂', '速度胶囊']
```

2）统计元素出现的次数，使用 count()，例如：

```
>>> medicine_name_plus=medicine_name*3    # 把 medicine_name 列表重复 3 遍
>>> medicine_name.count('聪明药丸')         # medicine_name 中 "聪明药丸" 的个数
1
>>> medicine_name_plus.count('聪明药丸')   # medicine_name_plus 中 "聪明药丸" 的个数
3
```

3）扩展列表，使用 extend()，例如：

```
>>> medicine1=['聪明药丸', '力量冲剂']
>>> medicine2=['速度胶囊', '耐力粉末', '减肥药膏']
>>> medicines=[]
>>> medicines.extend(medicine1)
>>> medicines
['聪明药丸', '力量冲剂']
>>> medicines.extend(medicine2)
>>> medicines
['聪明药丸', '力量冲剂', '速度胶囊', '耐力粉末', '减肥药膏']
```

特别提醒注意的是 extend() 和 append() 的区别。我们先来看看下面使用 append() 会有怎样的效果：

```
>>> medicines.append(medicine2)
>>> medicines
['聪明药丸', '力量冲剂', '速度胶囊', '耐力粉末', '减肥药膏', ['速度胶囊', '耐力粉末', '减肥药膏']]
```

对比两段代码会发现，前者 extend() 将列表 medicine1 和 medicine2 的所有元素都扩展到列表 medicines 中，而后者 append() 则将列表 medicine2 整个作为一个元素添加到 medicines 中。

4）查找元素下标，使用 index()，例如：

```
>>> medicines=['聪明药丸', '力量冲剂', '速度胶囊', '耐力粉末', '减肥药膏']
>>> medicines=medicines*3
>>> medicines
['聪明药丸', '力量冲剂', '速度胶囊', '耐力粉末', '减肥药膏', '聪明药丸', '力量冲剂', '速度胶囊', '耐力粉末', '减肥药膏', '聪明药丸', '力量冲剂', '速度胶囊', '耐力粉末', '减肥药膏']
```

```
>>> medicines.index('速度胶囊')
2
```

注意，index() 返回的是在列表中最先找到的元素的下标。上面故意将 medicines 的元素重复 3 遍，虽然列表里有 3 个'速度胶囊'，但是 index('速度胶囊') 只返回了第一个"速度胶囊"的下标——2。

5）插入元素，使用 insert()，例如：

```
>>> medicines.insert(3,'视力口服液')              # 在第3个元素后面插入'视力口服液'
>>> medicines
['聪明药丸', '力量冲剂', '速度胶囊', '视力口服液', '耐力粉末', '减肥药膏', '聪明药丸',
 '力量冲剂', '速度胶囊', '耐力粉末', '减肥药膏', '聪明药丸', '力量冲剂', '速度胶囊',
 '耐力粉末', '减肥药膏']
```

6）弹出并返回指定元素，使用 pop()，例如：

```
>>> medicines                                    # 显示列表 medicines
['聪明药丸', '力量冲剂', '速度胶囊', '视力口服液', '耐力粉末', '减肥药膏', '聪明药丸',
 '力量冲剂', '速度胶囊', '耐力粉末', '减肥药膏', '聪明药丸', '力量冲剂', '速度胶囊',
 '耐力粉末', '减肥药膏']
>>> medicines.pop(5)                             # 弹出下标为5的元素，并返回其值
'减肥药膏'
>>> medicines                                    # 再次显示列表，发现原第5个元素已被弹出
['聪明药丸', '力量冲剂', '速度胶囊', '视力口服液', '耐力粉末', '聪明药丸', '力量冲剂',
 '速度胶囊', '耐力粉末', '减肥药膏', '聪明药丸', '力量冲剂', '速度胶囊', '耐力粉末',
 '减肥药膏']
```

如果不指定弹出的元素下标，则默认弹出末尾元素。例如：

```
>>> medicines
['聪明药丸', '力量冲剂', '速度胶囊', '视力口服液', '耐力粉末', '聪明药丸', '力量冲剂',
 '速度胶囊', '耐力粉末', '减肥药膏', '聪明药丸', '力量冲剂', '速度胶囊', '耐力粉末',
 '减肥药膏']
>>> medicines.pop()
'减肥药膏'
>>> medicines.pop()
'耐力粉末'
>>> medicines.pop()
'速度胶囊'
```

7）移除指定元素，使用 remove()，例如：

```
>>> medicines
['聪明药丸', '力量冲剂', '速度胶囊', '视力口服液', '耐力粉末', '聪明药丸', '力量冲剂',
 '速度胶囊', '耐力粉末', '减肥药膏', '聪明药丸', '力量冲剂']
>>> medicines.remove('视力口服液')
>>> medicines
```

```
['聪明药丸', '力量冲剂', '速度胶囊', '耐力粉末', '聪明药丸', '力量冲剂', '速度胶囊',
 '耐力粉末', '减肥药膏', '聪明药丸', '力量冲剂']
```

8）列表反向，使用 reverse()，例如：

```
>>> medicines=['聪明药丸', '力量冲剂', '速度胶囊', '耐力粉末']
>>> medicines.reverse()
>>> medicines
['耐力粉末', '速度胶囊', '力量冲剂', '聪明药丸']
```

9）列表排序，使用 sort()，例如：

```
>>> numbers=[1,5,8,6,3,4,1,2,5,9,7]
>>> numbers.sort()
>>> numbers
[1, 1, 2, 3, 4, 5, 5, 6, 7, 8, 9]
```

10）清空列表，使用 clear()，例如：

```
>>> medicines
['耐力粉末', '速度胶囊', '力量冲剂', '聪明药丸']
>>> medicines.clear()
>>> medicines
[]
```

11）复制列表，使用 copy()，例如：

```
>>> medicines1=['耐力粉末', '速度胶囊', '力量冲剂']
>>> medicines2=medicines1.copy()
>>> medicines2
['耐力粉末', '速度胶囊', '力量冲剂']
```

听了西西船长的讲解，大家对列表这个数据类型相当有好感，纷纷表示在以后的 Python 程序中会好好使用列表。而此时，队医格兰特蕾妮已经开始有条不紊地将她的药品一一添加到 medicines 列表中。

【练一练】

（1）派森号上目前共有西西船长、工程师克里克里、瞭望员大熊、驾驶员菲菲兔、队医格兰特蕾妮、机械师洛克威尔 6 名船员。请用列表将每个人的名字和职业组合起来。然后将这些组合一个一个添加到船员列表中。

（2）假设上题中完成的船员列表为二维列表 group，请用户输入编号，根据编号从 group 中取出相应编号船员的职业和姓名，并分别赋值给字符串变量 position 和 name，该如何编写代码？

2.2　固定的搭配：元组类型

当大家正在回味列表的各种用法时，西西船长打断了大家的思绪："Python 还有一种数据类型，叫作元组……"

清点完药品，队医格兰特蕾妮想给所有药品和它的数量以及产地都列一个更详细的清单，刚打算为每种药品都建立一个列表，就听见西西船长说："元组和列表类似，也是一种序列类型，它常常用来表示一组固定搭配的数据。"格兰特蕾妮觉得"元组"这种类型似乎更适合自己此刻的需求，于是停下来仔细倾听。

"元组的创建和使用都很简单。"西西船长打开 IDLE，创建了一个 Python 文件，保存为 C:\Workspace\1.8\medicine_tuple.py，然后输入以下代码：

```
# 元组举例
congming=(' 聪明药丸 ',20,'GA97 星球 ')
liliang=(' 力量冲剂 ',35,'gama103 星 ')
sudu=(' 速度胶囊 ',52,'∑3364A 星球 ')
naili=(' 耐力粉末 ',40,'α03-3 星云 ')
shili=(' 视力口服液 ',10,'FF01 蓝色星球 ')

# 输出元组中的元素
print(congming[0]," 数量 : ",congming[1]," 产地 : ",congming[2])
print(liliang[0]," 数量 : ",liliang[1]," 产地 : ",liliang[2])
print(sudu[0]," 数量 : ",sudu[1]," 产地 : ",sudu[2])
print(naili[0]," 数量 : ",naili[1]," 产地 : ",naili[2])
print(shili[0]," 数量 : ",shili[1]," 产地 : ",shili[2])
print("================= 分界线 =================")

# 元组构成列表
medicines=[congming,liliang,sudu,naili,shili]
# 输出列表
print(medicines)
print("================= 分界线 =================")

# 输出列表中的元组
print(medicines[0][0]," 数量 : ",medicines[0][1]," 产地 : ",medicines[0][2])
print(medicines[1][0]," 数量 : ",medicines[1][1]," 产地 : ",medicines[1][2])
print(medicines[2][0]," 数量 : ",medicines[2][1]," 产地 : ",medicines[2][2])
print(medicines[3][0]," 数量 : ",medicines[3][1]," 产地 : ",medicines[3][2])
print(medicines[4][0]," 数量 : ",medicines[4][1]," 产地 : ",medicines[4][2])
```

上面程序中的 (' 聪明药丸 ', 20, 'GA97 星球 ')、(' 力量冲剂 ', 35, 'gama103 星 ') 等都是元组，它们的特征是使用圆括号（()）括起来，其中的每一个元素用逗号（,）隔开，元素可以是任何类型。而且，引用元组元素的方式也是采用元组的变量名加上下标，如 shili[0] 引用 shili 这个元组的第一个元素，也就是字符串"视力口服液"。这些都和列表很类似。

　　　　　　　　　　　励志照亮人生　　编程改变命运

运行程序，结果如图 2-3 所示。

```
================ RESTART: C:\Workspace\1.8\medicine_tuple.py ================
聪明药丸 数量：  20 产地：  GA97星球
力量冲剂 数量：  35 产地：  gama103星
速度胶囊 数量：  52 产地：  ∑3364A星球
耐力粉末 数量：  40 产地：  α03-3星云
视力口服液 数量：  10 产地：  FF01蓝色星球
==================分界线==================
[('聪明药丸', 20, 'GA97星球'), ('力量冲剂', 35, 'gama103星'), ('速度胶囊', 52, '
∑3364A星球'), ('耐力粉末', 40, 'α03-3星云'), ('视力口服液', 10, 'FF01蓝色星球'
)]
==================分界线==================
聪明药丸 数量：  20 产地：  GA97星球
力量冲剂 数量：  35 产地：  gama103星
速度胶囊 数量：  52 产地：  ∑3364A星球
耐力粉末 数量：  40 产地：  α03-3星云
视力口服液 数量：  10 产地：  FF01蓝色星球
>>> |
```

图 2-3　医生的药品详细清单

2.2.1　元组的操作

看起来，元组和列表的区别就是元组用圆括号，列表用方括号。但是其实它们有本质的差异：元组一旦定义完成，就不能再更改了。

"这是真的吗？"格兰特蕾妮有点半信半疑，"那就是说列表中那些凡是会更改列表或元素的操作，对元组都是无效的吗？"说着，她输入以下代码，想看个究竟：

```
>>> congming
('聪明药丸', 20, 'GA97星球')
>>> congming[1]=30                              #试图改变元组元素
Traceback (most recent call last):
    File "<pyshell#1>", line 1, in <module>
        congming[1]=30                          #试图改变元组元素
TypeError: 'tuple' object does not support item assignment
```

格兰特蕾妮试图改变 congming 这个元组中的元素，结果 IDLE 告诉她："元组（tuple）不支持给元素赋值。"她又尝试给元组增加一个元素：

```
>>> congming.append('说明：可以让人更聪明')        #试图增加元组元素
Traceback (most recent call last):
    File "<pyshell#2>", line 1, in <module>
        congming.append('说明：可以让人更聪明')      #试图增加元组元素
AttributeError: 'tuple' object has no attribute 'append'
```

结果 IDLE 又告诉她："元组没有 append 方法。"格兰特蕾妮又尝试清空一个元组：

```
>>> congming.clear()
Traceback (most recent call last):
```

```
    File "<pyshell#3>", line 1, in <module>
        congming.clear()
AttributeError: 'tuple' object has no attribute 'clear'
```

毫无疑问也报错。

"看来元组确实是无法改变的。"这下格兰特蕾妮终于服了，不过她又问，"那么那些不改变列表的功能，元组就会有吗？"

"你说得对！确实是这样！"西西船长回答道。格兰特蕾妮又输入以下代码：

```
>>> (1,2,3)+(4,5,6)
(1, 2, 3, 4, 5, 6)
>>> (1,2,3)*3
(1, 2, 3, 1, 2, 3, 1, 2, 3)
>>> x=(1,2,3)*3
>>> x.count(2)
3
>>> congming.index(20)
1
```

两个元组"相加"会组成一个更长的元组，而原来的元组都不会改变。元组"乘以"一个整数 n，会产生一个重复 n 次的新元组，而原来的元组不会改变。使用"count(元素)"可以计算该元素在元组中的个数。使用"index(元素)"可以查出该元素在元组中的第一个下标。

2.2.2　区间

元组有一个"亲弟弟"，叫作区间。区间用 range(a, b, c) 来表示，其中 a、b、c 均为整数。它表示一个等差数列，首项为 a，末项为 b，公差为 c，c 可省略，缺省值为 1。比如：

```
>>> x=range(1,10,2)
>>> x[0]
1
>>> x[1]
3
>>> x[2]
5
>>> x[3]
7
>>> x[4]
9
```

可见，range(1, 10, 2) 是一个从 1 开始的等差数列，公差是 2。但是要注意区间中的元素个数，如果继续输入下面代码，就会报错：

```
>>> x[5]
```

```
Traceback (most recent call last):
    File "<pyshell#9>", line 1, in <module>
        x[5]
IndexError: range object index out of range
```

系统显示：下标越界。因为 range(1, 10, 2) 中并没有 x[5] 这个元素。下标越界是使用区间时的常见错误，需要格外小心。

如果省略第三个整数 c，则默认公差为 1。例如：

```
>>> y=range(2,5)
>>> y[0]
2
>>> y[1]
3
>>> y[2]
4
```

"区间其实是元组的一个特例，所以也不能改变它，只能使用它。"西西船长说。

【练一练】

飞船发射时需要倒计时报数：10，9，8，7，…，0。如何用区间表示这样一个倒计时报数？

2.3　运动会的花名册：字典类型

卡尔风星球举行了别开生面的星际运动会。来自宇宙各大星系的各大星球的各大飞船上的每一位队员都报名参加了项目。

运动会的裁判长——来自卡尔风星球的迪克纳瑞先生有点犯难，因为每一位运动员来报到的时候，他都需要在一个非常长的花名册里查找这位队员的名字，如果采用从头到尾的简单查找，则每次都要花上很长的时间。不仅迪克纳瑞先生找得焦头烂额，队员在一旁也等得怨气冲天。

看到这种情况，派森号的洛克威尔主动申请当裁判长助理。每次有队员报到的时候，他马上就能答出他的参赛项目。迪克纳瑞先生觉得不可思议，表扬洛克威尔："你的记忆力真是太强大了！"

2.3.1　键值对

派森号的船员们也参加了 5 个项目：10000 公里竞速、20000 公里避障飞行、精准抛射、着陆技巧、星矿探索。为了查看方便，洛克威尔把每一位船员参赛的项目和比赛顺序都写在一张二维表中，其中参加的项目用 1 标出，不参加的项目用 0 标出，如表 2-1 所示。

表 2-1　比赛项目表

姓名＼项目	10000 公里竞速	20000 公里避障飞行	精准抛射	着陆技巧	星矿探索
格兰特蕾妮	1	0	1	1	1
大熊	0	1	1	0	1
西西船长	1	0	1	1	1
克里克里	0	1	1	1	1
菲菲兔	1	0	1	1	1
洛克威尔	1	1	0	1	0

然后他建立了一个 Python 文件来表示各位队员的参赛项目，文件保存为 sports_game.py。
格兰特蕾妮参加了 4 个项目，可以表示为一个列表：

```
['10000 公里竞速',0,'精准抛射','着陆技巧','星矿探索']
```

把她的姓名和她参加的项目对应起来，就像这样：

```
'格兰特蕾妮':['10000 公里竞速',0,'精准抛射','着陆技巧','星矿探索']
```

你看到中间那个醒目的冒号（:）了吗？冒号前面的部分称为 key（键），冒号后面的部分称为 value（值），整个这个结构称为"键值对"。
其余队员所参加的项目都可以这样表示：

```
'大熊':[0,'20000 公里避障飞行','精准抛射',0,'星矿探索'],
'西西船长':['10000 公里竞速',0,'精准抛射','着陆技巧','星矿探索'],
'克里克里':[0,'20000 公里避障飞行','精准抛射','着陆技巧','星矿探索'],
'菲菲兔':['10000 公里竞速',0,'精准抛射','着陆技巧','星矿探索'],
'洛克威尔':['10000 公里竞速','20000 公里避障飞行',0,'着陆技巧',0]
```

其实洛克威尔的秘密是使用了 Python 中一种可以用于快速查找的数据类型来表示运动员的参赛项目，这种类型就是 Python 的第 5 大标准类型，叫作字典。字典的元素就是键值对。

2.3.2　什么是字典

创建一个变量 roll，将派森号所有的运动员参赛项目的键值对都存放进去，用逗号（,）隔开，再用花括号（{}）把它们全部括起来，这就是一个字典了：

```
# 派森号的参赛项目名册
roll={'格兰特蕾妮':['10000 公里竞速',0,'精准抛射','着陆技巧','星矿探索'],
      '大熊':[0,'20000 公里避障飞行','精准抛射',0,'星矿探索'],
      '西西船长':['10000 公里竞速',0,'精准抛射','着陆技巧','星矿探索'],
      '克里克里':[0,'20000 公里避障飞行','精准抛射','着陆技巧','星矿探索'],
      '菲菲兔':['10000 公里竞速',0,'精准抛射','着陆技巧','星矿探索'],
      '洛克威尔':['10000 公里竞速','20000 公里避障飞行',0,'着陆技巧',0]
      }
```

"看起来挺整齐呀！"一旁观看许久的裁判长迪克纳瑞先生说道，"可是这个字典真能快速地告诉我每个队员的项目吗？"

"是的，裁判长先生。"洛克威尔说，"可以通过字典元素的键立即得到它对应的值。比如现在想知道我的参赛项目，可以这样做。"说着，洛克威尔输入了以下代码：

```
# 引用字典元素
print(roll)                          # 输出整个字典
name='洛克威尔'
print(name,"参加的项目是：",roll[name])    # 输出键'洛克威尔'对应的值
```

运行后输出为：

```
{'格兰特蕾妮'：['10000 公里竞速'，0，'精准抛射'，'着陆技巧'，'星矿探索']，
  '大熊'：[0，'20000 公里避障飞行'，'精准抛射'，0，'星矿探索']，
  '西西船长'：['10000 公里竞速'，0，'精准抛射'，'着陆技巧'，'星矿探索']，
  '克里克里'：[0，'20000 公里避障飞行'，'精准抛射'，'着陆技巧'，'星矿探索']，
  '菲菲兔'：['10000 公里竞速'，0，'精准抛射'，'着陆技巧'，'星矿探索']，
  '洛克威尔'：['10000 公里竞速'，'20000 公里避障飞行'，0，'着陆技巧'，0]}
洛克威尔 参加的项目是：['10000 公里竞速'，'20000 公里避障飞行'，0，'着陆技巧'，0]
```

看到了吧，只要告诉字典需要的"键"，立马就会得到对应的"值"。

使用方括号（[]）指明要访问的元素的 key 值即可获得对应的 value 值，相当于使用 key 值作为元素的下标，这样就不需要关心元素在字典中存放的位置了。

"那字典也和列表、元组、字符串一样，属于序列类型吗？"迪克纳瑞问。

"Oh，no！实际上，字典无法使用序号作为下标，否则代码就会产生错误，不信你试试？"洛克威尔对裁判长先生说。

```
>>> roll[3]                          # 试图返回字典的第 4 个下标元素
Traceback (most recent call last):
    File "<pyshell#2>", line 1, in <module>
        roll[3]                      # 试图返回字典的第 4 个下标元素
KeyError: 3
```

IDLE 提示"键错误"（KeyError），意思是字典里没有 3 这个键。所以同样的道理，如果访问字典元素时，不小心写错了键，也会出现同样的错误。

2.3.3　字典的编辑

字典是可变的数据类型，可以随时对它和它的元素进行修订。

（1）增加元素

"用字典来做运动会花名册很方便，可是要一次性把所有运动员和参赛项目都写进去吗？"看来裁判长迪克纳瑞先生还是很迷惑。

"不用。"洛克威尔回答，"可以一个一个向字典里添加键值对。同时给新的键赋值就行了，比

如这样。"

```
>>> roll['特兰克斯']=['10000公里竞速', '20000公里避障飞行', '精准抛射', '着陆技巧', '星矿探索']
```

这样就会往字典 roll 里添加一个键为"特兰克斯"、值为列表 ['10000公里竞速', '20000公里避障飞行','精准抛射','着陆技巧','星矿探索'] 的键值对。输出来看看：

```
>>> print(roll)
{'格兰特蕾妮': ['10000公里竞速', 0, '精准抛射', '着陆技巧', '星矿探索'],
 '大熊': [0, '20000公里避障飞行', '精准抛射', 0, '星矿探索'],
 '西西船长': ['10000公里竞速', 0, '精准抛射', '着陆技巧', '星矿探索'],
 '克里克里': [0, '20000公里避障飞行', '精准抛射', '着陆技巧', '星矿探索'],
 '菲菲兔': ['10000公里竞速', 0, '精准抛射', '着陆技巧', '星矿探索'],
 '洛克威尔': ['10000公里竞速', '20000公里避障飞行', 0, '着陆技巧', 0],
 '特兰克斯': ['10000公里竞速', '20000公里避障飞行', '精准抛射', '着陆技巧', '星矿探索']}
```

果然多了一个元素。

（2）删除元素

刚才我们增加了一个新的运动员，现在也可以将他删除，使用 del 命令：

```
>>> del roll['特兰克斯']
>>> roll
{'格兰特蕾妮': ['10000公里竞速', 0, '精准抛射', '着陆技巧', '星矿探索'],
 '大熊': [0, '20000公里避障飞行', '精准抛射', 0, '星矿探索'],
 '西西船长': ['10000公里竞速', 0, '精准抛射', '着陆技巧', '星矿探索'],
 '克里克里': [0, '20000公里避障飞行', '精准抛射', '着陆技巧', '星矿探索'],
 '菲菲兔': ['10000公里竞速', 0, '精准抛射', '着陆技巧', '星矿探索'],
 '洛克威尔': ['10000公里竞速', '20000公里避障飞行', 0, '着陆技巧', 0]}
```

（3）修改元素

修改就更简单了，直接给元素的键赋予新的值就行。例如：

```
>>> roll['菲菲兔']=['10000公里竞速','20000公里避障飞行', '精准抛射', '着陆技巧', '星矿探索']
>>> roll
{'格兰特蕾妮': ['10000公里竞速', 0, '精准抛射', '着陆技巧', '星矿探索'],
 '大熊': [0, '20000公里避障飞行', '精准抛射', 0, '星矿探索'],
 '西西船长': ['10000公里竞速', 0, '精准抛射', '着陆技巧', '星矿探索'],
 '克里克里': [0, '20000公里避障飞行', '精准抛射', '着陆技巧', '星矿探索'],
 '菲菲兔': ['10000公里竞速', '20000公里避障飞行', '精准抛射', '着陆技巧', '星矿探索'],
 '洛克威尔': ['10000公里竞速', '20000公里避障飞行', 0, '着陆技巧', 0]}
```

你看，这下菲菲兔成了全能选手！

2.3.4　操作字典

利用字典，裁判长迪克纳瑞已经添加了很多运动员，也记录了对应的参赛项目。"我能不能知道现在已经添加了多少名运动员呢?"

"当然可以。"洛克威尔告诉他，同样可以使用 len() 来取得字典的长度，也就是里面元素的个数，"就像这样。"

```
>>> len(roll)
6
```

可以使用 str() 将字典转换成字符串。例如：

```
>>> str(roll)
"{'格兰特蕾妮': ['10000公里竞速', 0, '精准抛射', '着陆技巧', '星矿探索'],
 '大熊': [0, '20000公里避障飞行', '精准抛射', 0, '星矿探索'],
 '西西船长': ['10000公里竞速', 0, '精准抛射', '着陆技巧', '星矿探索'],
 '克里克里': [0, '20000公里避障飞行', '精准抛射', '着陆技巧', '星矿探索'],
 '菲菲兔': ['10000公里竞速', 0, '精准抛射', '着陆技巧', '星矿探索'],
 '洛克威尔': ['10000公里竞速', '20000公里避障飞行', 0, '着陆技巧', 0]}"
```

使用 type() 命令可以查看变量 roll 的类型：

```
>>> type(roll)
<class 'dict'>
```

"我知道了，dict 就是字典的英文简写呀！"迪克纳瑞说。

字典还具有以下一些内置方法，都使用"字典变量名.方法名"的形式来操作，如表 2-2 所示。

表 2-2　字典的内置方法

用　法	说　明
Dict.clear()	删除字典内所有元素
Dict.fromkeys(seq[, val])	创建一个新字典，以序列 seq 中元素作为字典的键，val 为字典所有键对应的初始值
Dict.get(key, default＝None)	返回指定键的值，如果值不在字典中返回 default 值
Dict.items()	以列表返回可遍历的（键，值）元组数组
Dict.keys()	返回一个字典所有的键
Dict.setdefault(key, default＝None)	与 get() 类似，但如果键不存在于字典中，将会添加键并将值设为 default
Dict.update(dict2)	把字典 dict2 的键值对更新到 Dict 里
Dict.values()	以列表返回字典中的所有值
Dict.pop(key[, default])	删除字典给定键 key 所对应的值，返回值为被删除的值。key 值必须给出，否则返回 default 值
Dict.popitem()	随机返回并删除字典中的一对键和值（一般删除末尾对）

表 2-2 中有一个词：遍历。它的意思是从头到尾对每个元素都用相同的方式处理一遍。其中有几个比较常用，我们来试一试：

```
>>> roll.keys()
dict_keys(['格兰特蕾妮', '大熊', '西西船长', '克里克里', '菲菲兔', '洛克威尔'])
>>> roll.get('大熊')
[0, '20000 公里避障飞行', '精准抛射', 0, '星矿探索']
>>> roll.values()
dict_values([['10000 公里竞速', 0, '精准抛射', '着陆技巧', '星矿探索'],
    [0, '20000 公里避障飞行', '精准抛射', 0, '星矿探索'],
    ['10000 公里竞速', 0, '精准抛射', '着陆技巧', '星矿探索'],
    [0, '20000 公里避障飞行', '精准抛射', '着陆技巧', '星矿探索'],
    ['10000 公里竞速', 0, '精准抛射', '着陆技巧', '星矿探索'],
    ['10000 公里竞速', '20000 公里避障飞行', 0, '着陆技巧', 0]])
```

"比赛要开始了啊!"洛克威尔指着卡尔风星球的竞技场说,"字典的用途可广泛了,比如用代码表示一张图的时候!"

【练一练】

(1)给你一个字典:dict_RMB = {1:'壹', 2:'贰', 3:'叁', 4:'肆', 5:'伍', 6:'陆', 7:'柒', 8:'捌', 9:'玖', 10:'拾', 0:'零'},尝试制作一个程序,当用户输入一个数字时,返回它的中文大写。

(2)字典加密:给定一个字典,用键组成密码,对应的值就组成实际的含义。比如告诉密码为"20190122",再按指定的字典的页码查出对应的字,就知道实际的含义了。试用 Python 实现这样一种机制。

2.4 真真假假:逻辑运算

在一次星际谈判会议上,出席的双方中投同意票的人数和投反对票的人数之比为 1∶2。会议主持人宣布:"投同意票的人数占会议总人数的 50%!"

"这不合逻辑呀!"克里克里一听,感觉似乎哪里不对。他写了一段程序来判断主持人的结论,程序保存在 C:\Workspace\2.4\pos_neg.py,代码如下:

```
# 逻辑判断
pos=1          # 假设同意的为 1
neg=2*pos      # 反对人数是同意人数的 2 倍
total=pos+neg
print(pos==total*50/100)
```

程序运行后,输出结果为 False。

2.4.1 什么是逻辑

"你刚才说不合逻辑,"菲菲兔问克里克里,"可是什么是逻辑呢?"克里克里自己也不知道,只好向西西船长求助。

"逻辑指的是思维的规律和规则，是对思维过程的抽象。"西西船长说道，"我们对某件事情的一种说法称为一个命题。对命题的判断过程就是我所说的思维过程，思维过程也称作逻辑推理。"

西西船长告诉大家，逻辑推理中有一些基本的概念。

1）逻辑常量：代表逻辑推理的结论。逻辑常量只有两个，即 0 和 1，用来表示两个对立的逻辑状态，也可以用 True 和 False 来表示这两个逻辑常量。通常定义 1 表示"真"。

2）逻辑变量：与普通变量一样，可以用字母、符号、数字等组合来表示。逻辑变量只能在两个逻辑常量之中取值，也就是只能赋值 0 或 1。

3）逻辑运算：蓝色星伟大的科学家布尔将思维过程抽象成一套运算法则。这套运算法则包括三种基本运算，即逻辑"与"、逻辑"或"和逻辑"非"。由于是布尔提出的这套理论，所以大家把逻辑运算也叫作布尔运算。

4）等价和不等价：两个命题的结论为相同的逻辑常量，就说这两个命题等价，反之就说它们不等价。

西西船长随后问了大家一个问题："'地球是宇宙的中心'和'1 > 100'表达的是一回事吗？"

"什么什么？这两件八竿子打不着的事情怎么可能是一回事！"大家交头接耳。

"哈哈哈——"西西船长笑着说，"地球当然不是宇宙的中心，所以这个命题的结论是'假'——"话还没说完，克里克里抢着说："1 > 100 的结论也是'假'，所以这两个命题是等价的！"

"哈哈哈——"西西船长笑着说，"你说得对！所以大家明白了吧，逻辑就是研究万事万物是真还是假的科学。"

2.4.2　逻辑运算

布尔发明的逻辑运算法则包含 3 个逻辑运算符：and、or 和 not，分别是逻辑"与"、逻辑"或"和逻辑"非"，它们的用法如表 2-3 所示。

表 2-3　逻辑运算符

逻辑运算符	表达式	描　述	示　例
and	x and y	如果 x 是 False，则 x and y 返回 False（或 0），否则返回 y 的计算值	```>>> 10 and 10+10``` ```20```

or	x or y	如果 x 是 True，则 x or y 返回 x 的值，否则返回 y 的计算值	```>>> 10 or 10+10```
			```10```
			```>>> 'ch' or 0```
			```'ch'```

not	not x	如果 x 为 True，则 not x 返回 False；如果 x 为 False，则返回 True	```>>> not 0```
			```True```
			```>>> nor True```
			```SyntaxError: invalid syntax```
			```>>> not True```
			```False```

看了这些例子，克里克里有点儿不明白，他嚷嚷道："布尔运算符难道不是只能用于 bool 变量吗？为什么还可以拿整数甚至字符串来做逻辑运算呢？"

2.4.3 空值与 False

"问得好！"西西船长解释道，"Python 语言中，会对变量进行隐含的类型转换。当非布尔类型的数据参与逻辑运算时，Python 会自动将它转换成布尔类型"。转换规则是这样的。

1）数值 0 和其他一些空值的对象，如空字符串、空的列表、空的字典以及保留字 None 都转换为 False。例如：

```
>>> bool(0)
False
>>> bool(0.0)
False
>>> bool(-0)
False
>>> bool((0-0j))            # 复数 0-0j
False
>>> bool('')                # 空字符串
False
>>> bool([])
False
>>> bool({})
False
>>> bool(None)              # 保留字 None 表示什么也没有
False
>>> bool()                  # 没有参数时
False
```

2）其他具有实际值的对象都转换成 True。例如：

```
>>> bool(-1)
True
>>> bool('a')
True
>>> bool([0])
True
>>> bool({'key':0})
True
>>> bool(print)             # 函数也是一个实际对象
True
```

"这很符合逻辑——空值对应 False，非空值对应 True ！"克里克里点着头说。

2.4.4 "与"和"或"的短路

逻辑运算符组成的表达式就叫作逻辑表达式。逻辑表达式可以是连续的逻辑运算，运算顺序是从左到右进行的，比如：

```
>>> True and True or not False and 1+3
True
```

我们来分析一下计算的过程，如图 2-4 所示：从左到右，第一层级首先计算 True and True、not False 和 1＋3，结果分别是 True、True 和 4；然后第二层级计算 True or True，得到 True；最后计算第三层级 True and 4，结果是 True。

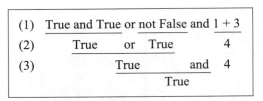

图 2-4　逻辑运算的顺序

克里克里想了一会儿，说："看起来 not 运算和算术运算的优先级比 and 和 or 高一点啊！"

"不错哦！你知道的还不少。"西西船长表扬克里克里，然后又说，"那你知不知道 not 运算和 or 运算还具有短路特性呢？"

"短路特性？"克里克里不解地问，"就像电路里的短路一样吗？"他脑海里出现了如图 2-5 所示的场景。

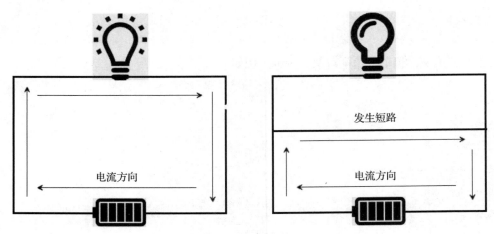

图 2-5　当发生短路现象时电流不流经灯泡

"有些类似！请听我说。"西西船长回答克里克里，"在没有括号参与时，逻辑表达式从左到右，依次运算，当遇到第一个能决定结果的逻辑值后，就废弃后面的所有运算。"

1）对于 and 运算，只要参与 and 运算的对象中有一个代表 False，那么不管其他对象是什么，结果都会是 False。所以只要从左到右计算得到第一个 False，后面的都不会再计算了。她写了一段代码作为证据：

```
>>> 99 and -4 and 'a' and True and 2+3
5
>>> 99 and -4 and 'a' and False and 2+3
False
```

第一行代码直到最后都没有出现 False，所以得到结果为最后一项的计算值 5；第二行代码遇到 False 即得到结果 False，后续的 2+3 不再执行，被"短路"了。

2）对于 or 运算，只要参与 or 运算的对象中有一个代表 True，那么不管其他对象是什么，结果都会是 True。所以只要从左到右计算得到第一个 True，后面的都不会再计算了。她同样写了一段代码作为证据：

```
>>> 0 or False or 5-5 or '99'
'99'
>>> 0 or False or '99' or 99
'99'
```

第一行代码直到最后才出现字符串"99"，它代表 True，所以得到结果为最后一项的计算值"99"；第二行代码遇到字符串"99"，它代表逻辑 True，所以得到结果"99"，后续的整数 99 不再考虑，被"短路"了。

3）not 运算只有两个符号（如 not True），被称为两目运算，不存在短路问题。

【练一练】

请写出 1 and 2 or 3 and 4 or not 5 and 6＋7 or 8 and not 0 的结果，并描述计算的顺序。

2.5　大小多少：关系运算

刚刚检查完燃料回来的洛克威尔说："我刚刚看了下燃料箱，如果燃料大于 500，我们就可以起飞，如果小于 500 我们就得补充，这个没错，但是燃料也不能太多，如果超过 2000，飞船载重量太大，也不能起飞！"

2.5.1　关系运算符

在程序设计的世界里，一切都简单而直接。变量和变量之间的关系没有"好"和"坏"或者"关系铁不铁"的说法。所谓关系就是比较两者在数量上的大小——用专业的话来说，这称为"量化"的关系。

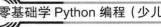

"量化——听起来很唬人呀！"菲菲兔龇着牙说。

"可是，如何去表达大于、小于或者等于这种关系呢？"菲菲兔又进一步问道，"是不是就同小时候学习的算术一样，用大于号、小于号和等于号来表示大小关系呢？"大家把目光都投向西西船长。

"没错！"西西船长似乎看出了大家的想法，"Python 中有一类运算符，叫作比较运算符，专门用来比较数据之间的大小关系，当然也可称作关系运算符。"

关系运算符一共有 6 个，如表 2-4 所示。

表 2-4　关系运算符

运算符	描　述
>	大于，返回 x 是否大于 y
<	小于，返回 x 是否小于 y
>=	大于等于，返回 x 是否大于等于 y
<=	小于等于，返回 x 是否小于等于 y
==	相等，比较对象是否相等
!=	不等于，比较两个对象是否不相等

"哦哦哦，我知道了，这太简单了！"菲菲兔说。

"你真的知道了吗？我考考你吧？"西西船长笑嘻嘻地对菲菲兔说，"如果输入 1 > 100 会怎样？"

"1 怎么可能大于 100？你这样输入，系统肯定会报错啦，哈哈哈！"菲菲兔哈哈大笑。

西西船长输入了以下代码，结果却是这样的：

```
>>> 1>100
False
```

系统并没有出现红色的报警信息，而是返回了一个 bool 值 False。这下菲菲兔傻眼了。

2.5.2　1 和 10

数学上，1 > 10 肯定是不正确的。仔细一想，1 > 10 其实是表述了 1 和 10 这两个常数之间的一种关系，而这种关系是"错"的。当然，1 < 10 或者 1 == 10、1 != 10 是 1 和 10 的另外几种关系。

"从逻辑的角度看，可以说 1 > 10 这个命题的结果是 False，而 1 < 10 这个命题就是 True。"西西船长说。

关系运算的结果一定是 bool 类型，可以使用 type() 函数测试一下：

```
>>> type(x==y)
<class 'bool'>
```

"噢，原来关系运算的结果都是逻辑值啊！"菲菲兔恍然大悟。

"没错！也可以说关系表达式的值是逻辑值。"西西船长补充道。说完她又列举了几个例子，假设 x＝9，y＝1，看看以下比较的结果：

```
>>> x=9
>>> y=1
>>> x>y
True
>>> x<y
False
>>> x>=y
True
>>> x<=y
False
>>> x==y
False
>>> x!=y
True
```

一目了然，不用多解释了吧！不过以下两点值得说一下：

1）关系运算符中两个连续的等号（==）要与一个等号（=）表示的赋值符区分开来。

2）在 Python 中，可以用数值 0 表示 False，而其他非 0 值表示 True。所以当一个关系表达式中出现其他非 bool 类型的值时，也不要奇怪哦！

2.5.3 "a" 比 "A" 大

"除了数值类型，其他类型也能比较大小吗？"在一旁看了半天没说话的克里克里问道。

"问得好！"西西船长说，"你们猜猜小写的 a 和大写的 A 哪个大？"

"A 大！"

"a 大！"

"报错！"

"一样大！"

大家都在瞎猜。西西船长说："试试不就知道了？"她输入了以下代码：

```
>>> 'A'=='a'
False
>>> 'a'>'A'
True
```

"真是奇了！a 居然比 A 大！"大熊嘀嘀咕咕地说。

"字符串居然有大小之分，这真是怪！"克里克里嘀嘀咕咕地说。

西西船长说："你们再看这个。"

```
>>> 'mercury'>'mars'
True
```

"这两个字符串比较，结果为什么是 True 呢？"西西船长自问自答，"因为 Python 是将字符串从左到右按字符一个个转换成一种数值编码再来比较大小的。两个字符串第一个字符都是 m，所以 Python 会继续比较第二个字符，e 比 a 的编码更大，所以 mercury 就比 mars 大了，后面不用再比了。"

"原来如此！"大伙儿都明白了。

2.5.4 符号的编码

"您刚才说到'编码'真的唬住我了。到底什么是'编码'呢？"克里克里问西西船长。

"不要被这个词给唬住了。"西西船长给大家解释道，"如果我们规定用某个数值来表示某个符号，就说这个数值是这个符号的一个编码。"

因为归根结底计算机是靠数学运算来完成所有的事情。所以计算机处理数值是最便利的。如果要处理符号，比如"abcd"或者"+-*/# ￥%"，又或者中文"甲乙丙丁"，就需要将每个符号都对应到一个不同的数值后才能处理。

如何对应呢？人类的祖先们已经想好了。按精心设计的规律，把字符和对应的数值列举到一张表格中，称之为编码表。编码表有好几种，如把所有常用的英文字符都对应到数值的 ASCII 码表，如表 2-5 所示。

表 2-5 ASCII 码表（部分摘录）

十进制	十六进制	字符	解释
56	0x38	8	数字 8
57	0x39	9	数字 9
58	0x3A	:	冒号
59	0x3B	;	分号
60	0x3C	<	小于
61	0x3D	=	等号
62	0x3E	>	大于
63	0x3F	?	问号
64	0x40	@	电子邮件符号
65	0x41	A	大写字母 A
66	0x42	B	大写字母 B
67	0x43	C	大写字母 C
68	0x44	D	大写字母 D
69	0x45	E	大写字母 E

如果还要表示更多的字符，比如汉字，则需要更大规模、更为复杂的编码表。例如 Unicode 编码，如图 2-6 所示。

U+	0	1	2	3	4	5	6	7	8	9	A	B	C	D	E	F
4e00	一	丁	丂	七	丄	丅	丆	万	丈	三	上	下	丌	不	与	丏
4e10	丐	丑	丒	专	且	丕	世	丗	丘	丙	业	丛	东	丝	丞	丟
4e20	丠	両	丢	丣	两	严	并	丧	｜	丩	个	丫	丬	中	丮	丯
4e30	丰	丱	串	丳	临	丵	丶	丷	丸	丹	为	主	丼	丽	举	丿
4e40	乀	乁	乂	乃	乄	久	乆	乇	么	义	乊	之	乌	乍	乎	乏
4e50	乐	乑	乒	乓	乔	乕	乖	乗	乘	乙	乚	乛	乜	九	乞	也
4e60	习	乡	乢	乣	乤	乥	书	乧	乨	乱	乪	乫	乬	乭	乮	乯

图 2-6　Unicode 编码表示例（部分摘要）

"关于编码说来话长啊！感兴趣的话，大家自己去查阅一下资料吧！"西西船长最后指出一点，"虽然字符的编码是数值，但是却不能直接拿字符和数值进行比较。因为不同类型的数据没法比！"

```
>>> 'a'>65
Traceback (most recent call last):
    File "<pyshell#4>", line 1, in <module>
        'a'>65
TypeError: '>' not supported between instances of 'str' and 'int'
```

毫无悬念，报错了："＞"符号不支持字符串和整型运算。

【练一练】

（1）请将派森号的 3 位船员克里克里、菲菲兔和洛克威尔按姓名大小顺序排序。

（2）请问中文字符串的排序是不是按拼音顺序？

2.6　如果可以选择：选择结构

如果事情总是按先后次序从头往后进行，这称作顺序结构，这可能是宇宙中最简单的一种结构了。但是事情不总是那么简单。

2.6.1　两个分支

"我们现在起飞吗？"克里克里指着派森号的显示屏问船长。

"指示屏显示得很清楚呀！"西西船长指着地图上一个菱形的图案说道。

克里克里和西西船长看到的菱形图案如图 2-7 所示。它表示一项操作——检查飞船燃料是否充足。检查结果可能会有两种情况。"是"表示燃料充足，那么后续操作为"起飞"；反之，"否"表示燃料不充足，那么后续操作为"添加燃料"。

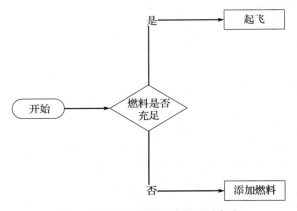

图 2-7　根据检查结果执行后续任务

"很显然，这不是一种顺序结构。"克里克里说，"因为菱形的后面有两个分支，后续的事情往哪个分支走取决于菱形中操作的结果。"

"Bingo！你说得对！这的确不是顺序结构，而叫作选择结构。"西西船长接过话题说。

2.6.2　条件语句

Python 中用一种条件语句表示选择结构。建立一个 Python 程序，保存为 C:\Workspace\2.3\ifelse.py，代码如下：

```
# 检查燃料
# 获得检查燃料的结果
result=int(input(' 输入检查燃料的结果 [0 表示不充足 ;1 表示充足 ]'))
# 如果燃料充足，那么 :
if result:
    # 起飞
    print(' 起飞 ')
# 否则 :
else:
    # 补充燃料
    print(' 补充燃料 ')
```

这段代码主要部分是一个 if-else 语句，称为条件语句，它不是简单的一行代码，而是一个结构，格式如下所示：

```
if 条件表达式 :
    语句块 1
```

```
else:
    语句块2
```

关键字 if 是必需的，if 后面的变量或者表达式称为条件表达式，其结果必须是一个 bool 值，表示"是"或者"否"，比如这里的 result。变量 result 的值从 input 语句获得，用 int() 函数转换成整数 0 或者 1。我们知道 0 表示逻辑值 False，1 表示表示逻辑值 True。当 result 为 1 时，if 后面条件表达式值为 True，这时执行冒号后面的代码：

```
# 起飞
print('起飞')
```

"请注意，冒号不能没有，而且冒号后面的代码对应 if 语句所在行必须进行缩进。"西西船长说。

Python 语言用"缩进"来表示语句块之间的层级关系。处于同一层级的语句排头对齐，表示它们属于同一个结构块。就像飞船的驾驶系统属于一个结构块，驾驶系统中的转向系统也属于一个结构块，它们之间的关系是转向系统是驾驶系统的一部分。

"这个缩进如何写出来呢？"克里克里问。

"用键盘的 tab 键可以获得标准的缩进。"西西船长告诉大家，"这比用空格键更容易对齐。如果缩进没有对齐，Python 是会报错的。"

"明白了，那后面的 else 是什么意思呢？"

"if 语句后面缩进的语句块是条件语句的第一个分支，else 后面就是另一个分支。在只有两个分支时，第二个分支不需要再有条件表达式，用一个 else 关键字就行了。"西西船长解释，"如果 if 后面的条件表达式值为 False，就跳过第一个分支，转而执行 else 后面的另一个分支。"

说完，西西船长运行了程序，结果如图 2-8 所示。

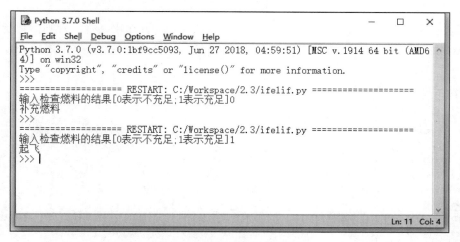

图 2-8　燃料检查示例程序

这是个示例程序，当然没法真的检查燃料，甚至不能输入 0 或者 1 之外的数据，否则可能会报错。但是它很好地演示了 if-else 这种条件结构。

【练一练】

派森号的燃料检查系统需要输入正确的用户名和密码才能进入。设计一个输入用户名和密码的程序，正确则显示通过信息，错误则显示错误信息。

2.7 更多的选择：多分支结构

"有意思，这个 if 语句就像是'如果'语句，如果条件成立就执行语句块 1，否则，也就是条件不成立的话，就执行语句块 2，对吧！不过——"克里克里又问大家，"如果有两个以上的分支，该怎么办呢？"

2.7.1 多分支结构

可以使用 if-elif 结构来解决多分支的情况。多分支选择结构格式如下：

```
if 条件表达式 1:
    语句块 1
elif 条件表达式 2:
    语句块 2
elif 条件表达式 3:
    语句块 3
......
else:
    语句块 n
```

执行时先判断条件表达式 1，如果为 True，执行语句块 1 并跳出结构。否则，判断表达式 2，如果为 True，执行语句块 2 并跳出结构。以此类推。如果所有条件表达式结果都是 False，则执行 else 后面的语句块 n。

将检查燃料的程序改写如下：

```
# 检查燃料
# 获得检查燃料的结果
result=int(input('输入燃料的数值：'))
print('燃料值 %d'%result,end='>>>>>>>>>')
# 如果燃料少于 500
if result<=500:
    # 补充燃料
    print('燃料不足，需要补充')
# 如果大于 2000
elif result>2000:
```

```
    # 燃料过剩
    print(' 燃料过剩，不能起飞 ')
else:
    # 燃料不多不少
print(' 可以起飞 ')
```

运行程序，输入整数，可得到如图 2-9 所示的结果。

```
输入燃料的数值：400
燃料值400>>>>>>>>>燃料不足，需要补充
=================== RESTART: C:\Workspace\2.3\ifelif.py ===================
输入燃料的数值：2300
燃料值2300>>>>>>>>>燃料过剩，不能起飞
>>>
=================== RESTART: C:\Workspace\2.3\ifelif.py ===================
输入燃料的数值：1000
燃料值1000>>>>>>>>>可以起飞
>>>

                                                        Ln: 15  Col: 4
```

图 2-9　多分支条件语句示例

2.7.2　诡异的 UFO

派森号观测到一个 UFO（不明飞行物）在雷达屏幕上出现，其飞行轨迹十分诡异，如图 2-10 所示。

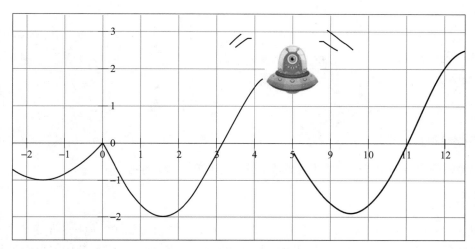

图 2-10　诡异的飞行轨迹

经过长期观察，派森号发现它的飞行轨迹坐标符合下面的关系：

$$y = f(x) = \begin{cases} \sin(x), & x \leq 0 \\ -\sin(2x)/\cos(x), & 0 < x < 5 \\ \dfrac{x\cos(x)}{5}, & x \geq 5 \end{cases}$$

"显然，这是一个分段函数。"西西船长告诉大家，"自变量 x 在不同的范围取值时，因变量 $f(x)$ 有着不同的解析式，这样的函数叫作分段函数。"

"分段函数？"克里克里大叫道，"就用刚才说的多分支选择结构解决吧！我来用 Python 表示这个分段函数。"说完他建立了一个 piece_wise.py 文件，并建立了一个函数：

```python
def piece_wise(x):
    import math
    if x<=0:
        y=math.sin(x)
    elif x>0 and x<5:
        y=-math.sin(2*x)/math.cos(x)
    else:
        y=x*math.cos(x)/5
    return y
```

这是典型的 if-elif-else 结构，很适合表达分段函数。接下来添加一段调用代码试一试，看看运行的轨迹是不是与图 2-10 一致：

```python
x=float(input(" 输入 x: "))
print(piece_wise(x))
```

克里克里运行了三次程序，结果分别如下：

```
输入 x: 4
1.5136049906158564
>>>
输入 x: 1.5
-1.994989973208109
>>>
输入 x: 4.99
1.923425806853587
```

三个坐标都符合不明飞行物的飞行轨迹，派森号正在继续观察中……

【练一练】

批发商皮克以每盎司 2.5 阿尔法币的价格售卖 100 盎司混合金属矿。他把售价每盎司 1.5 阿尔法币的地球黄金和售价每盎司 4 阿尔法币的振金相混合。请问他一共需要使用多少盎司的振金？

以下是 5 个选项：A）40，B）45，C）50，D）55，E）60。请用选择语句测试每一个选项，看看哪个才是正确的。

2.8　圆形轨道：数学函数

派森号在旅途中发现"祖冲之"星系的许多行星运行轨道都是圆形，如图 2-11 所示。

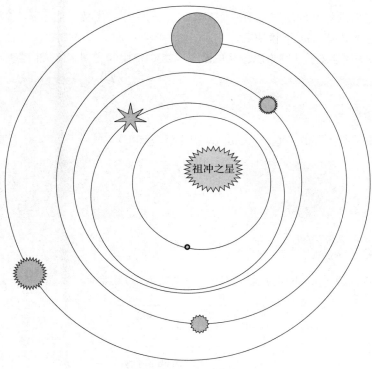

图 2-11　圆形轨道

2.8.1　π 和 pi

派森号已经掌握了所有行星轨道的长度，现在想要计算所有行星轨道的半径。大家都知道圆的半径怎么计算：半径 = 周长 ÷π÷2，但是要计算这么多半径，还是写个程序更方便。她建立的文件称为 radius.py，代码如下：

```
def radius(c):
    return c/3.14/2
```

```
c=float(input("请输入轨道周长："))
print(radius(c))
```

运行一下，结果如图 2-12 所示。

```
请输入轨道周长：500
79.61783439490445
```

图 2-12　通过周长求半径

这个程序看起来没什么问题，但有一点缺陷：π 值用 3.14 代替，似乎不太精确。西西船长想要改进一下，于是她想到了 math 模块。

这个 math 模块中定义了一些难以记住的数学常数，使用时先引入 math 模块，比如：

```
>>> import math
>>> math.pi
3.141592653589793
```

这正是西西船长所需要的，她将 radius.py 程序修改如下：

```
import math

def radius(c):
    return c/math.pi/2

c=float(input("请输入轨道周长："))
print(radius(c))
```

将原来的 3.14 改为了 math.pi。运行程序，结果如图 2-13 所示。

```
请输入轨道周长：500
79.57747154594767
>>> 
```

图 2-13　使用 math.pi 计算

除了 math.pi，math 模块中还定义了其他几个常量，总结如表 2-6 所示。

表 2-6　数学常量

序号	函　　数	解　　释
1	math.pi	$\pi = 3.141592\cdots$
2	math.e	$e = 2.718281\cdots$
3	math.tau	$\tau = 6.283185\cdots$
4	math.inf	正无穷
5	math.nan	Not a number，非数值

用常量 pi 表示更为精确的圆周率，使用起来既方便又精确。

2.8.2　数学函数

"在观察 UFO 时，我们也用到了 math 模块。没错！三角函数也是在 math 模块中定义的。我们一起来看看。"西西船长给大家分类展示了一些 math 模块中的常用数学函数。如表 2-7 所示。

表 2-7　数学函数（部分摘录）

序　号	分　类	函数及解释
1	数的表示	math.ceil(x)，求 x 的上限
2		math.fabs(x)，求绝对值
3		math.factorial(x)，求阶乘
4		math.gcd(a, b)，求最大公约数
5		math.isnan(x)，判断是不是"非数"
6	指数和对数	math.exp(x)，求自然对数的 x 次幂
7		math.log(x)，求 ln 值
8		math.log10(x)，求 lg 值
9		math.pow(x, y)，求 x 的 y 次幂
10		math.sqrt(x)，求 x 的平方根
11	三角函数	math.sin(x)，求 sin 值
12		math.atan(x)，求 atan 值
13	角度转换	math.degrees(x)，弧度转角度
14		math.radians(x)，角度转弧度
15	双曲函数	math.sinh(x)，求 sinh 值
16	特殊函数	math.erf(x)，求 erf 函数值

需要指出，以上虽然涉及所有的分类，但并非 math 模块中全部的函数，也未对函数的数学意义做进一步解释。下面举几个例子：

```
>>> import math
>>> x=10.5
>>> math.ceil(x)
11
>>> math.factorial(10)
3628800
>>> math.pow(x,2)
110.25
>>> math.sqrt(x)
3.24037034920393
>>> math.sin(x)
```

```
-0.87969575997167
>>> math.degrees(x)
601.6056848873644
>>> math.radians(x)
0.1832595714594046
>>> math.sinh(x)
18157.751323355093
>>> math.log(x)
2.3513752571634776
>>> math.fabs(x)
10.5
>>> math.erf(x)
1.0
```

西西船长告诉大家："Python 语言中 math 模块的在线文档网址是 https://docs.python.org/3/library/math.html，如果对 math 模块需要更深入了解，可以自行访问。"

"有了 math 模块，我的数学再也不用妈妈教啦！"菲菲兔开玩笑地说。

【练一练】

大熊和菲菲兔进行答题游戏，玩着玩着发现题目太少不过瘾。于是大熊想自己添加一个选择题。该如何编写代码？

第 3 章 循　环

3.1 纪念日：日历

2046 年 2 月 7 日是派森号航行 50 周年纪念日。西西船长想要知道有关 2046 年 2 月 7 日的一些信息。

3.1.1 calendar

洛克威尔立马想到 Python 中有一个用来处理有关日历问题的 calendar 模块。该模块可以轻而易举地把某一年的日历都显示在屏幕上。洛克威尔输入以下代码：

```
>>> import calendar
>>> print(calendar.calendar(2046))
```

运行结果如图 3-1 所示。

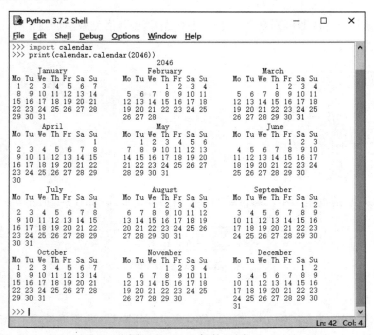

图 3-1　2046 年的日历

第一行代码引入 calendar 模块，第二行调用 calendar 模块的 calendar() 函数，并使用 print() 输出。该函数需要一个参数，指定具体年份。

如果只是想要某一个月的日历，可以使用 month() 函数。比如下列代码将会输出 2046 年 3 月的日历：

```
print(calendar.month(2046,3))
```

执行效果如图 3-2 所示。

图 3-2 月历

"看起来不错！我打算印一份挂在我房间的墙上！"西西船长高兴地说。

3.1.2 闰年

"那一年是不是闰年？"出生在蓝色星的西西船长比较关心这个问题，因为她的生日正是 2 月 29 日。

"哈哈哈！使用 isleap() 即可判断某一年份是否是闰年。"洛克威尔创建了一个文件，名为 my_calendar.py，代码如下：

```
import calendar

year=int(input("输入年份："))
if calendar.isleap(year):
    print(year,'年是闰年！')
    print(calendar.calendar(year))
else:
    print(year,'年不是闰年！')
```

使用 isleap() 判断是否是闰年。运行后输入年份 2046，结果如图 3-3 所示。

图 3-3 判断是否闰年

"看来今年又过不了生日了。"

"那能不能计算 1996 年到 2046 年之间一共有多少闰年呢？"西西船长问了第二个问题。

"当然！calendar 还提供了一个函数 leapdays()，可以计算两个年份间的闰年数！"非常简单！

赶紧创建一个程序，就叫作 how_many_leaps.py 吧！代码如下：

```
import calendar
year1=int(input("输入开始年份："))
year2=int(input("输入结束年份："))
print('%d 和 %d 之间的闰年有 %d 个！'%(year1,year2,calendar.leapdays(year1,year2)))
```

运行结果如图 3-4 所示。

```
输入开始年份：1996
输入结束年份：2046
1996和2046之间的闰年有13个！
>>> |
```

图 3-4　计算闰年数量

3.1.3　今天星期几

"请问咱们 50 周年纪念日那天是星期几呢？"西西船长又问。

"我来看看！"洛克威尔输入以下代码：

```
>>> print(calendar.month(2046,2))
    February 2046
Mo Tu We Th Fr Sa Su
          1  2  3  4
 5  6  7  8  9 10 11
12 13 14 15 16 17 18
19 20 21 22 23 24 25
26 27 28
```

他打印出了 2046 年 2 月的日历，可以看出，7 号那天是 "We"，即星期三。

"厉害了啊！那能不能告诉我 1996 年的 2 月 7 日是星期几呢？那是派森号启航的日子呀！"西西船长又提出第四个问题。

"没问题！这次使用 calendar.weekday() 来看看。"看来没什么能难住洛克威尔。

```
>>> import calendar
>>> calendar.weekday(1996,2,7)
2
```

"嗯，结果是 2，那么那一天是星期二吗？"西西船长说。

"不对！"洛克威尔大声说，"在这里 2 其实表示星期三。"

西西船长将信将疑，她输入下面代码：

```
>>> print(calendar.month(1996,2))
    February 1996
Mo Tu We Th Fr Sa Su
```

```
              1   2   3   4
      5   6   7   8   9  10  11
     12  13  14  15  16  17  18
     19  20  21  22  23  24  25
     26  27  28  29
```

程序输出了 1996 年 2 月的日历，发现 2 月 7 日果然是"We"，即星期三。她说："看来 weekday() 函数的返回结果要加上 1 才是实际的星期几，这个我要注意呀！"

突然，洛克威尔惊讶地叫道："哇！没想到相隔 50 年的两个 2 月 7 日居然都是星期三！"

"这可太巧了！"

【练一练】

制作一个程序，请同学输入自己的出生年月日，然后输出那一天是星期几。

3.2　我们的时间：时间处理

经过了一次漫长的太空旅程，派森号停靠在蓝色星度假。洛克威尔研究了一下蓝色星的时间，决定用 Python 做一个简易时钟，纪念这个难得的"蓝色星时刻"。为此他创建了一个关于时间的 Python 文件，取名为 my_time.py。

3.2.1　就是现在

洛克威尔了解到 Python 中有一个名叫 time 的模块，这个模块专门用于处理与时间相关的问题，所以洛克威尔首先引用这个模块到自己的 my_time.py 文件中，然后写了一段代码来显示当前时间：

```
# 时钟程序
import time
now=time.localtime()
print(now)
```

在 import time 以后，首先用 localtime() 函数获得当前时间，但是该函数返回当前时间的形式有点复杂，先运行程序看一看，结果如图 3-5 所示。

```
time.struct_time(tm_year=2019, tm_mon=2, tm_mday=7, tm_hour=8, tm_min=25, tm_sec
=20, tm_wday=3, tm_yday=38, tm_isdst=0)
>>>
```

图 3-5　返回当地当前时间

从图 3-5 中可以看到，localtime() 将时间以 time.struct_time 结构的形式返回。这个结构中包括如下函数。

- tm_year：年。
- tm_mon：月。
- tm_mday：日。
- tm_hour：时。
- tm_min：分。
- tm_sec：秒。
- tm_wday：星期几。
- tm_yday：从今年起过了几天。
- tm_isdst：是否执行夏令时（0 为不执行夏令时）。

时间永不停止，所以每次运行获取当前时间的程序，结果理所当然会不一样。这一点常常容易被忽视。

3.2.2 更易识别的时间

"这也太难记住了吧！"洛克威尔看了 time.struct_time 结构后自言自语。他又研究了一下 time 模块，发现另一个时间函数 ctime()，于是给自己的程序进行了升级：

```
now=time.ctime()
print("当前时间为：",now)
```

使用 time.ctime() 函数也可获得当前时间，其结果是一个更易识别的字符串。运行后如图 3-6 所示。

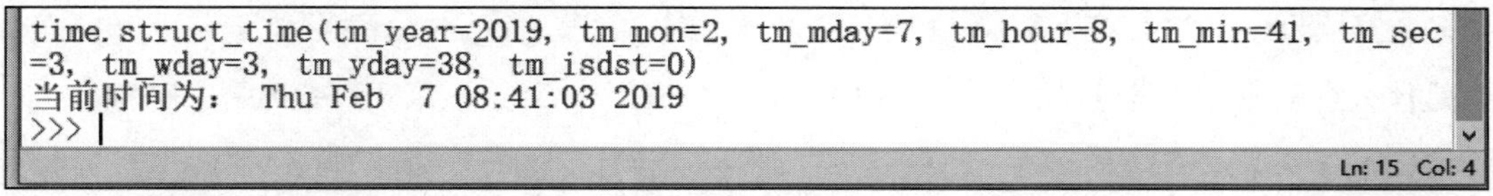

```
time.struct_time(tm_year=2019, tm_mon=2, tm_mday=7, tm_hour=8, tm_min=41, tm_sec
=3, tm_wday=3, tm_yday=38, tm_isdst=0)
当前时间为：  Thu Feb  7 08:41:03 2019
>>> |
                                                                   Ln: 15  Col: 4
```

图 3-6 易于识别的时间

"嗯，这样好多了！"洛克威尔得意地点点头，不过他又想，"要是能像熟悉的 print() 函数那样能格式化输出时间岂不更好？"于是他又研究了一会儿，发现还可以这样编写：

```
now=time.strftime("当前时间中文显示为：%Y 年 %m 月 %d 日，星期 %w，%H 点 %M 分 %S 秒",
    time.localtime())
print(now)
```

这次他又添加了上面两行代码，使用了 strftime() 函数。该函数的作用是结构化时间，使用 % 符号对 localtime() 时间进行格式化，可使用的格式化符号主要包括：

```
%Y：年份 (000-9999)
```

```
%m：月份 (01-12)
%d：日期 (0-31)
%H：24 小时制小时数 (0-23)
%M：分钟数 (00=59)
%S：秒 (00-59)
%w 星期 (0-6)，星期天为星期的开始
```

其余还有一些格式化符号不太常用，就不一一列举了。运行程序看看，如图 3-7 所示。

```
time.struct_time(tm_year=2019, tm_mon=2, tm_mday=7, tm_hour=8, tm_min=41, tm_sec
=46, tm_wday=3, tm_yday=38, tm_isdst=0)
当前时间为： Thu Feb  7 08:41:46 2019
当前时间中文显示为：2019年02月07日，星期4，08点41分46秒
>>>
                                                                    Ln: 20  Col: 4
```

图 3-7　格式化时间

值得注意的是，time.struct_time 结构中的 tm_wday = 3，被翻译成了"Thu"，也就是星期四。以此推断 tm_wday 将星期一记作 0，而 ctime() 获得的时间中，将星期一记作 1。这让人有点儿不太适应。不过没关系，知道这一点区别就行了。

"不管怎么说，这样显示的时间看起来是不是更舒服呢？"

3.2.3　流逝的时间

大熊收到一封信件，他对信封上的邮戳产生了兴趣，那个邮戳是由一串长长的浮点数组成的：

```
1549511008.3427587
```

是什么意思呢？大熊想到了 time 模块中的另一个函数 time()，该函数的效果是这样的：

```
>>> import time
>>> time.time()
1551252195.1354535
```

对比信封上的邮戳，似乎两者有点类似。大熊想："既然函数名叫作 time，又放在了 time 模块中，显然与时间相关啊！尽管看起来怎么也不像在表达时间。"

这个浮点数其实是一个"时间戳"。它表示从 1970 年 1 月 1 日午夜 0 点开始到当前一共过去了多少秒。所谓"时间戳"，意思就是用时间作为标记，就好像盖了一个邮戳一样。

1970 年 1 月 1 日 0 点这个时间通常被作为计算机系统中时间戳的起点，被称为"epoch"。几乎所有计算机系统都这么认为。调用 time.gmtime(0) 可以获取计算机系统的 epoch：

```
>>> time.gmtime(0)
time.struct_time(tm_year=1970, tm_mon=1, tm_mday=1, tm_hour=0, tm_min=0, tm_sec=0,
    tm_wday=3, tm_yday=1, tm_isdst=0)
```

时间戳常常用来衡量一段流逝的时间。在事情开始时获取一次当前时间，在事情结束时再获取一次当前时间，计算两次获取的时间之差就得到了执行这件事情所花费的时间，如图 3-8 所示。

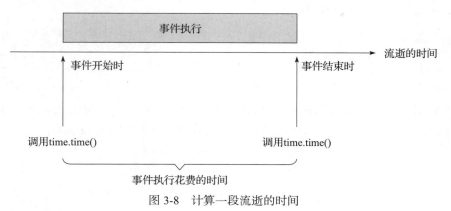

图 3-8　计算一段流逝的时间

说干就干，洛克威尔新建了一个 speed_test.py 文件，来测试小伙伴们的输入速度，代码如下：

```
import time
t1=time.time()
input(' 试试你的手速。请输入 a 至 z 共 26 个小写数字并按回车键：')
print(" 你共花费了 %f 秒 !"%(time.time()-t1))
```

程序要求输入 a ～ z 共 26 个字母，在开始输入前获取一次时间戳并保存为 t1，输入完后再获取一次时间戳，并计算它与 t1 的差，这就是输入花费的时间了。洛克威尔请菲菲兔测试了一次，结果如图 3-9 所示。

图 3-9　通过时间戳获取一段流逝的时间

菲菲兔输入全部的小写字母花费了 16 秒多的时间，你能比她更快吗？

3.2.4　睡眠时间

时间戳是采用浮点数表示的时间点，看起来相当精确，到底有多精确呢？克里克里想要探个究竟。

他想："可以找个其他能记录时长的函数来对比一下就好了。"

正好，time 模块里还有一个"很懒"的函数，叫作 sleep(secs)。看名字就知道，它是用来让程序睡觉的，睡觉时程序什么也不做。睡多久呢？由参数 secs 决定。这个参数表示想要程序 sleep 的秒数。

"就来看看用时间戳计算的秒数和 sleep(secs) 函数计算的秒数存在多少差距吧！"克里克里创建了一个程序 sleep_time.py，代码如下：

```
import time
start=time.time()
time.sleep(3)
print(time.time()-start," 秒过去了。")
```

程序首先引入 time 模块。记录一次时间戳，作为开始时刻。然后调用 time.sleep(3) 函数，让程序睡眠 3 秒。再次记录时间戳，并计算耗时。运行程序，结果如图 3-10 所示。

```
3.0009102821350098 秒过去了。
>>> |
```

图 3-10　程序睡眠 3 秒

可以发现，时间戳记录的经过时间比 3 秒稍多一点儿。这也符合逻辑，因为 print() 函数以及求两次时间戳的差值等步骤，总归需要耗费一点时间。计算机运行速度越快，这个时间越短。

【练一练】

获取当前时间，并格式化为类似"2/27/2019, 15:14:23"的形式。

3.3　黑洞的问题：while 循环

派森号飞过一个看起来像棒棒糖一样的黑洞，结果飞船在五颜六色的漩涡里没完没了地转圈，还不断地收到黑洞四周发来的信号："请输入口令。"可是在没有任何提示的情况下输入口令，简直就不可能正确！这真是令人绝望啊！大熊做了最后一次尝试，他输入了一个字——"梦"。结果飞船被"嗖"地抛出黑洞，全员欢呼！大熊也笑醒了。

3.3.1　无限循环

"真是个真实的梦啊！"大熊揉着眼睛想。那个无限循环令他头疼，他把梦讲给好朋友洛克威尔听。洛克威尔哈哈大笑："我做一个这样的程序给你吧！"说着，他建立了一个 Python 程序，叫作 loop_dream.py，代码如下：

```
# 无限循环
while 1:
    code=input(" 请输入口令：")
```

代码中关键字 while 表示一种循环结构。当循环条件为 True 时，就执行冒号后面的循环体。

虽然不懂洛克威尔在说什么，不过大熊还是运行了一下这个程序，结果出现了永远也答不完的问题，像极了刚才的那个梦。如图 3-11 所示。

```
请输入口令：1
请输入口令：ddd
请输入口令：quit
请输入口令：exit
请输入口令：结束
请输入口令：出口
请输入口令：梦
请输入口令：救命！！！
请输入口令：完蛋了
请输入口令：
```

图 3-11　无限循环的问题

无论大熊输入什么口令，程序还是不停地显示"请输入口令"。大熊着急地问洛克威尔："快说说，这到底是怎么回事？"

洛克威尔笑着解释道："这就是传说中的 while 循环呀！ while 后面的 1 在 Python 中表示 True，所以循环永远不会停！"

3.3.2　while 结构

前面说到的 while 循环是循环结构的一种。它的执行过程如图 3-12 所示。

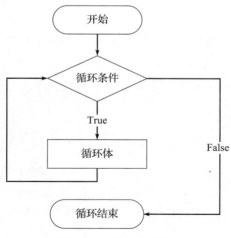

图 3-12　while 循环结构

while 循环首先判断循环条件，如果循环条件的结果为 True，就执行循环体程序块，执行完循环体后再次判断循环条件。如果循环条件的结果为 False，就直接结束循环。

一般的循环都是可以正常结束的，无法正常结束的循环叫作"死循环"。"死循环"也不是完全无法结束，可以通过一些特殊的中断机制结束。比如，直接点击 IDLE 右上角的（×）按钮。

这时，IDLE 会弹出一个"Kill?"对话框，询问"程序没有正常结束，是不是要强行杀死它"（如图 3-13 所示）。

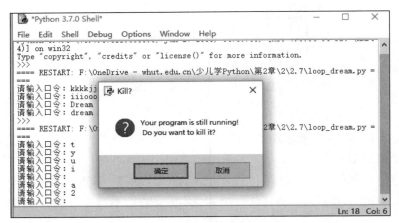

图 3-13　"Kill？"对话框

"原来是这样！"大熊又问："那怎样才能让循环正常结束呢？"

3.3.3　有始有终

"需要增加循环结束条件。"洛克威尔立即回答道。他创建了以下程序，保存为 loop_end.py，代码如下：

```python
# 正常结束循环
code=1
while not(code=='梦' or code=='dream'):
    code=input("请输入口令：")
print('循环结束！')
```

程序中添加了一个变量 code，每次执行 while 循环时，需要计算逻辑表达式 not(code =='梦' or code =='dream') 的结果。如果 code 的值不是"梦"或者"dream"，循环条件为 True，执行循环体，否则循环结束。循环体中 code 的值被改变，再次判断循环条件时，循环就有可能结束。执行结果如图 3-14 所示。

图 3-14　循环结束条件

"看出门道来了吗？关键是要有一个循环变量，才能让循环结束。"洛克威尔说，"有时，循环一次也不会执行。"他举了个例子。

```
X=1
while X<1:
    print('hi')
```

循环体 print('hi') 将一次都不执行。因为判断了一次 X<1 后，结果为 False，循环直接结束了。但是即使这样，还是对循环条件执行了一次判断。

"总结一下，"洛克威尔说，"一个能够正常退出的循环包括两个条件：有始和有终。"

洛克威尔的意思是：

1）循环变量有初始值。

2）循环条件能够取得 False 值。

【练一练】

"……5，4，3，2，1，发射！"使用 while 循环设计一个火箭发射倒计时读秒程序。

3.4　寻找水仙花数：while 循环的应用

派森号去参加水仙花星球的派对，着陆时塔台发来邀请密码："请输入所有的水仙花数。"

3.4.1　什么是水仙花数

"什么是水仙花数？"菲菲兔对这个名字很好奇。

"水仙花数就是指一个三位数，它各个数位上的数字的立方和等于该数本身。"西西船长见多识广，她说，"比如，$370 = 3^3 + 7^3 + 0^3$，所以 370 是一个水仙花数。"

"原来这样，既然所有的水仙花数都是三位数，那么就要从 100 到 999 都算一遍吗？"菲菲兔撸起袖子准备算。

"且慢！可以用 Python 来帮忙！"洛克威尔说，"只要能把水仙花数的定义翻译成 Python 表达式，再用循环结构对 100 到 999 的所有数逐个判断一遍就行了！"

"我会！我会！"菲菲兔立马建立了一个程序，叫作 narcissus.py。只不过她遇到了一个困难——如何计算一个三位数各个数位的立方和呢？不过没关系，暂时用一个注释代替一下。总之，利用循环的思路没有错！代码如下：

```
# 水仙花数
n=100
s=0
```

```
while n<1000:
    #计算三位数的各位数字立方和s
    if n==s:
        print(n)
    n=n+1
```

一个三位数用变量 n 表示，它各位数字的和用变量 s 表示。由于 Python 中的变量必须有初始值，所以先让 $n=100$，$s=0$。然后使用 while 循环，循环条件是 $n<1000$，也就是只要 n 小于 1000 成立，就反复执行循环体。循环体中有一个主要的语句，即一个 if 语句，它判断 n 和 s 是否相等，根据水仙花数的定义，n 和 s 相等就说明 n 是水仙花数，输出 n。

程序中有一个不起眼但是非常重要的语句，$n=n+1$，也可以写成 $n+=1$。它表示每次判断完是否是水仙花数后，就将 n 加上 1，再赋值给变量 n。这样，第二次执行循环体时，变量 n 的值就递增了，从 100 变成 101，再变成 102，直到变成 1000，循环才会结束。注意，这次循环结束条件由两部分共同作用：

1）while 后面的循环条件 $n<1000$，它的结果是 True 还是 False 取决于 n 的大小。

2）循环体中的语句 $n=n+1$，它在每一轮循环中改变 n 的值，让 n 递增，直到 $n=1000$，使得 $n<1000$ 的结果变成 False。

3.4.2　个十百千万

"嗯，不错！你的思路很清晰！"洛克威尔表扬菲菲兔。

"接下来，让我来解决计算各位数字立方和的问题吧！这也是求水仙花数的难点吧！"菲菲兔笑着说出自己的想法，"请看整除运算符的妙用！"

1）先求百位数字：将 n 除以 100，丢掉除不尽的小数部分，剩下的不就是百位上的数字？可以用整除符号，比如：

```
>>> 234/100
3.34
>>> 234//100
2
```

2）再求十位数字：将 n 减去求出来的百位数，得到一个两位数，再如法炮制，将这个两位数整除 10，就得到十位数字。例如：

```
>>> 234-2*100
34
>>> 34//10
3
```

3）最后再求个位数：简单了，用 n 减去百位数乘以 100，再减去十位数乘以 10，就得到个位数。

4）最后别忘了把三个数字的立方和加起来。

说完，她新建了一个程序，前面添加了一个自定义函数，叫作 sum_cube，代码如下：

```
def sum_cube(n):
    hun=n//100
    ten=(n-hun*100)//10
    uni=n-hun*100-ten*10
    return hun**3+ten**3+uni**3
```

然后修改了一下 narcissus.py 程序，添加了调用 sum_cube 函数的代码：

```
    import sum_cube

# 水仙花数
n=100
s=0
while n<1000:
    # 计算三位数的各位数字立方和 s
    s=sum_cube.sum_cube(n)          # 函数调用
    if n==s:
        print(n)
    n+=1
```

运行程序，如图 3-15 所示。

图 3-15　水仙花数

"原来所有的水仙花数也只有四个呀！真是稀少呢！"菲菲兔说。

【练一练】

输入一个多位数，将它反向输出。比如输入 12345，则输出 54321。

3.5　猜猜看：循环和 break

洛克威尔创建了一个"猜数游戏"，用户输入一个数，程序会告诉他猜大了还是猜小了，直到猜中。

"程序告诉我猜大了还是小了？好像可以和我对话一样。听起来很有意思呀！"大熊很感兴趣。

3.5.1 猜猜看

洛克威尔的猜数游戏是一个名为 guess 的函数，保存为 loop_guess.py，代码如下：

```
def guess(target):
    while 1:
        guess=int(input("请猜一个数："))
        if guess>target:
            print("猜大了！")
        if guess<target:
            print("猜小了！")
        if guess==target:
            print("猜对了！")
            break
```

函数 guess(target) 里定义了一个 while 无限循环，因为你可能要猜很多次。循环里请用户猜一个数，猜大了或猜小了都给出提示信息。如果猜对了，除了给出提示信息"猜对了"，还要立即终止循环。不然程序会没完没了地叫你猜。

洛克威尔新建了一个 guess_number.py 文件来调用 guess() 函数，输入以下代码：

```
import loop_guess
loop_guess.guess(13)
```

可以看出，猜数的目标是 13，这个目标数只有洛克威尔自己知道。运行程序后请大熊来玩这个游戏，结果如图 3-16 所示。

图 3-16　猜数游戏

"好有意思！"大熊喜欢这个游戏，"不过我看到你的程序里有个 break，它是干什么用的？"

3.5.2 中断循环

" break 就是 break 咯，意思就是中断。"洛克威尔告诉大熊，"当想要立即从循环中跳出时，随时放一个 break 就行。"

"原来循环还可以以这种不那么正常的方式结束啊！"大熊说。

洛克威尔创建了一个 loop_break.py 程序来说明这个问题，代码如下：

```
x=1
while x:
    print(x)
    x=x+3
    if x>30:
        break
print(' 循环中断 ,x=',x)
```

x 初始值为 1，在循环体中 x 每次递增 3。按理说循环条件 x 会越来越大，循环永远不会结束。但是在循环体中有一个选择结构。当 $x>30$ 的时候会执行一条 break 语句。这时，循环就立即结束。程序运行效果如图 3-17 所示。

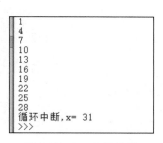

图 3-17　break 的效果

虽然 break 语句会破坏正常的循环结构，但是利用 break 语句有时会让事情变得简单。"好吧！给你放到无限循环里，让你玩个够！"洛克威尔将猜数游戏修改了一下。

【练一练】

派森号观察到宇宙中有一种细胞，它以一种特殊的方式分裂。每次分裂时一个变两个，两个再各分裂一次后变成 4 个。生长一段时间后，4 个中最大的那个又会分裂，得到的两个细胞再各分裂一次，总共得到 7 个细胞。生长一段时间后，其中最大的一个又会再分裂，总共得到 10 个……如果这样分裂下去，有没有可能得到 2044 个这种细胞？如果可以的话，总共分裂了几次？

3.6　随机数发生器：随机函数

3.6.1　百里挑一

大熊很喜欢玩猜数游戏，可是每玩一次，洛克威尔就要重新调用一次函数。能不能让计算机自己选一个目标数，然后请大熊去猜呢？

洛克威尔想到了 random 模块中的 randint(a, b) 函数。这个函数能够从整数 *a* 和 *b* 之间随机地选择一个数出来，正好作为猜数游戏的目标。先试一试：

```
>>> import random
>>> random.randint(0,100)
78
>>> random.randint(0,100)
15
```

选好了函数，洛克威尔就可以创建新的猜数游戏了，文件保存为 guess_random.py。为了重复使用之前创建的 guess 函数，先将 loop_guess.py 复制一份，放到 guess_random.py 同一个目录下。新的猜数游戏代码如下：

```
# 随机整数
import loop_guess,random
flag=1
while flag:
    n=random.randint(0,100)
    loop_guess.guess(n)
    ctrl=input("还继续玩吗？按任意键并回车继续，输入 0 结束。")
    if ctrl=='0':
        flag=0
```

首先需要引入 loop_guess 和 random 两个模块。引入多个模块时，可以只用一条 import 语句，模块之间用逗号（,）隔开。

用变量 flag 来控制游戏是否结束，初始值为 1，当用户输入 0 时，将 while 循环结束。循环体中的 random.randint(0, 100) 可以从 0 到 100（包括 0 和 100）中间随机地返回一个整数。然后用这个随机整数去调用 loop.guess 中的 guess() 函数，就可以开始猜数游戏了。

大熊等不及了，运行程序开始猜数，如图 3-18 所示。

```
请猜一个数：50
猜小了！
请猜一个数：85
猜大了！
请猜一个数：70
猜小了！
请猜一个数：80
猜大了！
请猜一个数：75
猜小了！
请猜一个数：78
猜大了！
请猜一个数：77
猜大了！
请猜一个数：76
猜对了！
还继续玩吗？按回车继续，输入0结束。0
>>>
```

图 3-18　猜数游戏

使用随机数以后，因为事先不需要设定目标，所以一个人也可以玩了。

3.6.2　掷骰子

克里克里也要一起来玩猜数游戏，他对大熊说："我们掷骰子决定吧！点数大的先玩。"大熊表示同意，可是手头没有骰子。

"好办！用程序做一个骰子就行了。"洛克威尔说着就创建了一个 rand_choice.py，输入如下代码：

```
def dice():
    import random
    return random.choice((1,2,3,4,5,6))
```

定义 dice 函数：首先引入 random 模块，然后调用 random.choice() 函数并返回其结果。choice() 函数用于从一个序列中随机地返回一个元素。因为是掷骰子程序，一个骰子只有 1 到 6 六个点数，所以 choice() 的参数使用元组（1，2，3，4，5，6）。

运行程序，多调用几次该函数，结果如图 3-19 所示。

```
>>> dice()
3
>>> dice()
1
>>> dice()
2
>>> dice()
5
>>> dice()
5
>>> dice()
6
>>> dice()
```

图 3-19　掷骰子

"这个 choice() 函数所需要的参数可以是任何序列类型。"洛克威尔提示大家，还举了个例子：

```
>>> import random
>>> random.choice("Python")
't'
>>> random.choice(123456)
Traceback (most recent call last):
    File "<pyshell#2>", line 1, in <module>
        random.choice(123456)
    File "C:\Users\lgd\AppData\Local\Programs\Python\Python37\lib\random.py",
        line 259, in choice
```

```
        i = self._randbelow(len(seq))
TypeError: object of type 'int' has no len()
```

字符串是序列类型，所以返回其中的一个字符。而整数不是序列类型，所以程序报错。

3.6.3 更多的随机函数

"我喜欢随机数！"大熊嚷嚷着，请洛克威尔告诉他更多的随机函数。洛克威尔告诉他，random 模块中还有许多函数，用途各不相同。表 3-1 中列出了其他一些常用的函数。

表 3-1 常用随机函数

序号	函　　数	示例或解释
1	random.seed()，初始化随机数种子	可以让产生的随机数更随机一些
2	random.randrange(start, stop, step)，从一个等差数列中返回一个随机元素。参数相当于 range(start, stop, step)	`>>> random.randrange(1,10,2)` `9`

3	Random.shuffle(seq)，打乱序列的排列顺序	`>>> x=[1,2,3,4,5,6,7,8,9]`
		`>>> random.shuffle(x)`
		`>>> x`
		`[5, 3, 6, 8, 9, 4, 7, 1, 2]`

4	random.sample(population, k)，从序列 population 中抽取 k 个元素形成子序列	`>>> x=[1,2,3,4,5,6,7,8,9]`
		`>>> random.sample(x,3)`
		`[6, 8, 1]`

5	random.random()，返回 0.0 ～ 1.0 之间的随机小数	`>>> random.random()` `0.3046939600412022`
6	random.uniform(a, b)，返回 a 和 b 之间的随机小数	`>>> random.uniform(10,50)` `17.045894560620567`

除此之外，还有一些更为复杂的随机函数，比如高斯分布函数：

```
>>> import random
>>> random.gauss(3, 5)
1.5347697690677782
```

"如果你想要知道更多，可以看看 random 模块的文档。"洛克威尔告诉大熊。

3.6.4 使用 Python 文档

"可是如何使用文档呢？"大熊迫不及待地问。

"打开 IDLE 后，按一下键盘的 F1 键即可。"洛克威尔边说边按了一下 F1 键，出现了如图 3-20 所示的窗口。

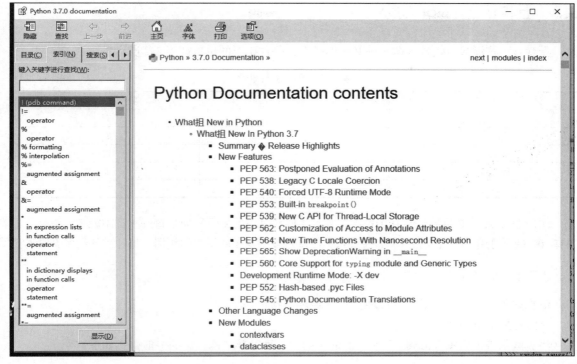

图 3-20　Python 文档窗口

然后在左边选择"索引"标签，输入想要了解的内容即可查询，如图 3-21 所示。

图 3-21　通过索引查找内容

"哇！这真是太棒了！有空我要多看看文档呢！"大熊高兴地说。

【练一练】

菲菲兔和大熊玩比大小游戏。两人从 15 张扑克牌即 3 ～ 10、J、Q、K、A、2、joker 和 JOKER（大小王）中各抽取 1 张，不看花色，谁大谁赢。创建一个这样的游戏。

3.7　五种矿石：for 循环

派森号飞往潘多拉星球采购 5 种必需的矿石，每种矿石的单价如表 3-2 所示。

表 3-2　五种矿石单价

名称	代码	单价（星币 / 块）
庇护之岩矿	I	3
钛矿	J	5
亚瑟蓝矿	K	12
鲁宾矿	M	20
菲洛合金锭	N	1/3

西西船长说："根据我们现在的情况，需要 100 块完整的矿石，而且每一种都不能少，可是我们只有 100 星币可用。谁帮我想想看，想要最大限度地发挥这 100 星币的作用，每种矿各买多少块呢？"

3.7.1　for 循环

洛克威尔想了一会儿说："可以使用 for 循环来帮忙！"

"什么是 for 循环？"大家问。

洛克威尔告诉大家，for 循环是 Python 中的另一种循环结构，它的一般格式如下：

```
for 循环变量 in 循环范围：
    循环体
```

关键字 for 表示进入 for 循环语句，for 后面紧跟的变量称为循环变量，循环变量的取值范围在关键字 in 后面给出。如果循环变量在取值范围之内，就执行循环体，否则循环结束。程序流程如图 3-22 所示。

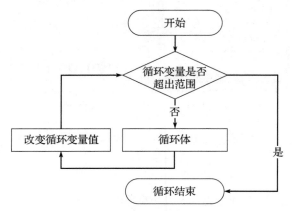

图 3-22　for 循环语句的执行流程

"与 while 循环最关键的区别是，for 循环可以明确限定循环的次数！"例如语句：

```
#for 循环举例
for n in range(10,100):
    pass
```

可是运行代码后，似乎什么也没有发生。

"实际上，这段代码遍历了所有的两位整数。for 循环将 range(10, 100) 中的每个整数依次赋值给了循环变量 n。而每次执行的循环体只有一条语句 pass。"

洛克威尔解释道："pass 是一条有趣的 Python 语句，pass 就是什么也不做，所以虽然循环了 $100 - 10 = 90$ 次，但我们毫无察觉！"

3.7.2　遍历和序列类型

"等等，你刚才说遍历？遍历是什么意思？"菲菲兔问。

"所谓遍历，是指按照某种顺序，依次对一个序列中的所有元素执行某种相同的操作。"洛克威尔解释道，"举几个简单的例子。"

```
# 遍历列表元素
for n in [5,6,7,8]:
    print(n)
# 遍历字符串
for n in "abcd":
    print(n)
# 遍历字典元素
for n in {'甲':1,'乙':2,'丙':3,'丁':4}:
    print(n)
# 不可遍历
for n in 1234:
    print(n)
```

遍历一个序列最简单的方法就是使用 for 循环。运行程序，输出如图 3-23 所示。

```
1  的平方等于  1
2  的平方等于  4
3  的平方等于  9
5
6
7
8
a
b
c
d
甲
乙
丙
丁
Traceback (most recent call last):
  File "F:\OneDrive - whut.edu.cn\少儿学Python\第2章\2\2.7\oreo_pass.py", line 14, in <module
>
    for n in 1234:
TypeError: 'int' object is not iterable
>>>
```

图 3-23　遍历的结果

区间、元组、列表、字符串、字典都可以遍历，它们都属于序列类型。而整数不是序列类型，不可遍历。所以程序中最后一个 for 循环报错了——"整型"不可遍历。

3.7.3　循环的嵌套

为了弄清五种矿石各买几个好，洛克威尔建立了一个文件 five_ores.py，代码如下：

```
# 设分别买 i,j,k,m,n 块矿石
for i in range(1,100//3+1):
    for j in range(1,100//5+1):
        for k in range(1,100//12+1):
            for m in range(1,100//20+1):
                for n in range(3,301):
                    if (i*3+j*5+k*12+m*20+n*(1/3)==100 and i+j+k+m+n==100):
                        print(i,j,k,m,n)
```

"哇！还可以这样？你用了好多的 for 循环！一层包着一层。"菲菲兔看着洛克威尔的代码有点儿晕。

洛克威尔解释道："I 矿石 3 星币一块，100 星币最多可以买 100/3 = 33 块。有买 1 块、2 块，直到 33 块这么多种可能。所以用一个 for 循环遍历这些数，循环范围是 range(1, 34)。对不对？"

"嗯嗯嗯。"菲菲兔仔细想了想后点了点头。

洛克威尔接着说："遍历买 I 的每一种可能性时，还得判断买 J 矿石的所有可能性。而遍历 J 矿石的每一种可能性时，又需要判断买 K 矿石的所有可能性。以此类推，最后最内层遍历买 N 矿石的每种可能性，N 矿石最少买 3 块，最多买 300 块。对不对？"

"嗯嗯嗯。"

"而每一种可能的取值都需要满足两个条件。对不对？"洛克威尔把必须满足的两个条件又强调了一下。

1）总星币数为 100：

```
(i*3+j*5+k*12+m*20+n*(1/3))==100
```

2）总矿块数为 100：

```
i+j+k+m+n==100
```

"这叫作循环的嵌套。道理其实很简单，因为一个循环的循环体可以是任何语句，当然也可以是另一个循环语句。"洛克威尔指出，"不过使用循环的嵌套可要小心，如果嵌套的层级太多，可能会非常耗时和耗费计算机资源，甚至会造成死机哦！"

"这次是一个 5 层的嵌套。我们运行一下试试吧！"运行程序，结果如图 3-24 所示。

```
1 2 3 1 93
1 7 1 1 90
8 3 1 1 87
```

图 3-24 5 种矿石的买法

派森号充分发挥了这 100 星币的作用，买了许多矿石。太好啦!

【练一练】

有一道非常古老的算术题，叫作"百钱百鸡"问题。意思大致如下：公鸡 5 块钱 1 只，母鸡 3 块钱 1 只，小鸡 1 块钱 3 只，如果拿 100 块钱去买 100 只鸡，可以有几种买法?

3.8 解密"奥利奥"：for 循环的应用

派森号这趟旅程是飞往宇宙深处的奥利奥星，参加一次星际会议。奥利奥星要求来往飞船每次都解密不同的密码才准许停靠。这一次的密码是"10 000 以内的所有奥利奥数之和"。

"我知道! 我知道! 奥利奥数也叫作回文数，就是说这个数的平方是对称的形式。"菲菲兔叫道，"比如 11 的平方是 121，所以 11 就是回文数。26 的平方是 676，所以 26 也是回文数……"

3.8.1 回文数

"我好喜欢吃奥利奥!"大熊说，"不过如何判别一个数是不是奥利奥数或者回文数呢?"

"好办! 首先，计算它的平方数，再逐个检查这个平方数的每个数字，看看是不是对称的。"西西船长整理了一下思路，并创建了一个 Python 程序，命名为 oreo.py，输入如下代码:

```python
# 利用字符串截取判断是否是回文数
def is_oreo(n):
    nn=str(n*n)                    # 计算平方数并转换为字符串 nn
    L=len(nn)                      # nn 的长度
    # 判断平方数是否是奇数位数字
    if L%2==0:                     # 平方数不是奇数位数字的不是回文数
        return False
    else:
        # 进一步判断是否是回文数
        for i in range(0,L//2):
            if nn[i]==nn[-(i+1)]:  # 如果正向截取的字符等于反向截取的字符
                continue           # 继续下一轮循环
            else:
                return False       # 否则不是回文数
    return True                    # 截取的字符全部相等时，说明是回文数
```

"代码有点复杂，不过注释写得很详细，再用流程图分析一下就更明白了。"西西船长说着，给大家展示了一张流程图，如图 3-25 所示。

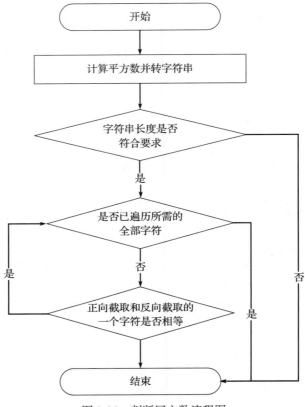

图 3-25　判断回文数流程图

3.8.2　累加

有了判断回文数的函数，就像有了一把解密奥利奥星球着陆密码的钥匙。接下来还需要根据要求——计算 10 000 以内的回文数之和。

"好办！这个使用一种方法——累加，就可以解决了。"洛克威尔说，"可以在程序开始时设计一个整型变量，把它当作我们需要的回文数之和，一开始这个和是 0。然后每次判断出一个数是回文数后，把它加到这个变量上。"看着大家似懂非懂的样子，洛克威尔觉得还是来看代码吧。他创建了以下程序，并保存为 oreo_pass.py 文件。

```python
import oreo

s=0                             # 累加和，初始化为 0
for k in range(11,10000):
    if oreo.is_oreo(k):         # 如果是回文数
        s=s+k                   # 累加
```

```
print(k,k*k,s)
```

首先引入 oreo 模块。然后创建变量 *s* 作为累加和。很容易知道，最小的回文数是 11，所以遍历 11 到 10 000 之间的所有数，判断是否为回文数。如果是，就将这个数累加到变量 *s* 上。程序运行结果如图 3-26 所示。

```
Python 3.7.0 Shell                                                    —    □    ×
File  Edit  Shell  Debug  Options  Window  Help
Python 3.7.0 (v3.7.0:1bf9cc5093, Jun 27 2018, 04:59:51) [MSC v.1914 64 bit (AMD64)] on win32
Type "copyright", "credits" or "license()" for more information.
>>>
=============== RESTART: F:\OneDrive - whut.edu.cn\少儿学Python\第2章\2\2.8\oreo_pass.py ===============
11 121 11
22 484 33
26 676 59
101 10201 160
111 12321 271
121 14641 392
202 40804 594
212 44944 806
264 69696 1070
307 94249 1377
1001 1002001 2378
1111 1234321 3489
2002 4008004 5491
2285 5221225 7776
2636 6948496 10412
>>>
                                                                      Ln: 5  Col: 9
```

图 3-26 回文数的累加和

结果中将 10 000 以内的回文数全部列了出来，发现并不多。

"搞定！"洛克威尔高兴地大叫，"终于可以着陆了！着陆密码 10412！"

3.8.3 无 3 报数

"慢着！"大熊仔细研究了一下代码，说，"我看到你的程序里有一行代码，只有一条语句 continue! 它是什么意思呢？"

代码是这样的：

```
#进一步判断是否是回文数
for i in range(0,L//2):
    if nn[i]==nn[-(i+1)]:       # 如果正向截取的字符等于反向截取的字符
        continue                # 继续下一轮循环
    else:
        return False            # 否则不是回文数
```

"这个 continue 语句的作用是立即开始下一轮循环。"洛克威尔告诉大熊，"在判断回文数时，如果平方数的正向截取和反向的单个字符相等，就继续下一轮比较，否则就得出结论——不是回文数。"

"哦，我明白了。还真是顾名思义，continue 就是继续下一轮。"大熊叽里咕噜地说，"不过，这里的 continue 似乎多余啊！"

"你不错呀！"洛克威尔表扬大熊道，"continue 语句通常用来跳过不需要执行的语句，从而加速循环的执行。在这个循环体中 continue 语句后面已没有其他语句，所以确实意义不大。可以用别的语句，比如一个 print() 或者干脆一个 pass 来代替 continue 也行。但是有时候它的作用就很明显了，比如我们常常一起玩的无 3 报数。"

"无 3 报数"的规则是从 1 到 100 顺次报数，当遇到有 3 或者 3 的倍数的数的时候，就说"过"。一旦说出含 3 或者 3 的倍数的数就输了，输的人被罚表演节目。

可以用 continue 来略过循环中对含 3 或 3 的倍数的输出。创建 no3.py 文件，输入代码如下：

```python
for n in range(1,100):
    if n%3==0 or ('3' in str(n)):
        print("过!!!",end='->')
        continue
print(n,end='->')
```

判断条件有两个：3 的倍数或含 3。

1）3 的倍数，即除以 3 的余数为零：

```python
n%3==0
```

2）含 3，可以使用 in 运算符：

```python
'3' in str(n)
```

成员运算符 in 的作用是判断一个元素是否存在于序列中。所以这里先要用 str() 函数将整数转换成属于序列类型的字符串。

如果上述任一个条件满足，就打印"过！！！"，并且跳过后面的 print(n, end='->') 语句。执行结果如图 3-27 所示。

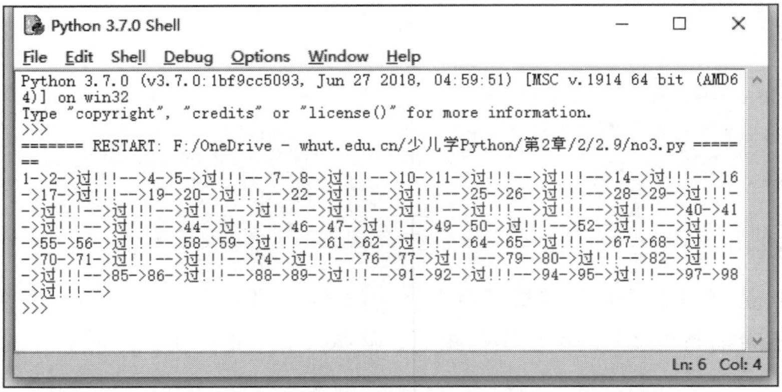

图 3-27　无 3 报数

continue 与前面讲到的 break 的区别很明显，break 会结束循环，而 continue 只是忽略后面的语句立即开始下一轮循环。将 continue 去掉和改为 break 后，no3.py 程序执行的结果如图 3-28 所示，比较便知。

```
1->2->过!!!-->3->4->5->过!!!-->6->7->8->过!!!-->9->10-
>11->过!!!-->12->过!!!-->13->14->过!!!-->15->16->17->
过!!!-->18->19->20->过!!!-->21->22->23->过!!!-->
-24->25->26->过!!!-->27->28->29->过!!!-->30->过!!!-->
31->过!!!-->32->过!!!-->33->过!!!-->34->过!!!-->35->过
!!!-->36->过!!!-->37->过!!!-->38->过!!!-->39->40->41->
-42->过!!!-->43->44->过!!!-->45->46->47->过!!!-->
-48->49->50->过!!!-->51->52->过!!!-->53->过!!!-->54->
55->56->过!!!-->57->58->59->过!!!-->60->61->62->过!!!-
->63->64->65->过!!!-->66->67->68->过!!!-->69->70->71->
过!!!-->72->过!!!-->73->74->过!!!-->75->76->77->过!!!-
->78->79->80->过!!!-->81->82->过!!!-->83->过!!!-->84->
85->86->过!!!-->87->88->89->过!!!-->90->91->92->过!!!-
->93->94->95->过!!!-->96->97->98->过!!!-->99->
```

```
1->2->过!!!-->
```

图 3-28　不使用 continue 和使用 break 的结果对比

左边是不用 continue 的结果，可以看到含 3 的数没有被跳过，仍然打印了出来。右边是改为 break 的结果，在遇到 3 时程序就结束了。

【练一练】

（1）西西船长带领派森号的船员们探访宙斯神殿，神殿门前有一条长长的阶梯。若每步跨 2 阶，则最后剩一阶；若每步跨 3 阶，则最后剩 2 阶；若每步跨 5 阶，则最后剩 4 阶；若每步跨 6 阶，则最后剩 5 阶。只有每次跨 7 阶，最后才正好一阶不剩。西西船长目测阶梯数不会多于 300 阶。那么，到底有多少级阶梯呢？

（2）字符串类型提供了反转字符串的函数，请用反转函数重写一个判断是否为回文数的函数。

第 4 章 数据结构和程序结构

4.1 按流程办事：流程图

"无论什么事，按流程来办更简单，程序也一样。"

4.1.1 程序流程图

"写了那么多程序，代码越来越复杂了呢！"西西船长对大家说，"对于复杂的问题，在编写程序之前，可以利用流程图帮助大家理清程序的结构。"

"什么是流程图？"大家问。

流程图是一种分析问题的通用工具，它将事务划分成流程、判定、数据、开始、结束等几种标准节点，使用的图形如图 4-1 所示。

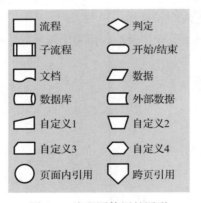

图 4-1　流程图使用的图形

"流程图也可以用于描述程序的执行过程。"西西船长说，"用图形表示一段功能相对独立的程序块，用带箭头的折线连接这些图形，箭头的方向就代表各个节点的先后执行顺序。"

"这么多图形！好复杂的样子。"大熊犯嘀咕。

"别怕。"西西船长告诉大家，对于入门级别来说，即使很复杂的程序，使用 3 种常用图形就足够：开始 / 结束、流程、判定。如图 4-2 所示的流程图，只使用了 3 种图形。

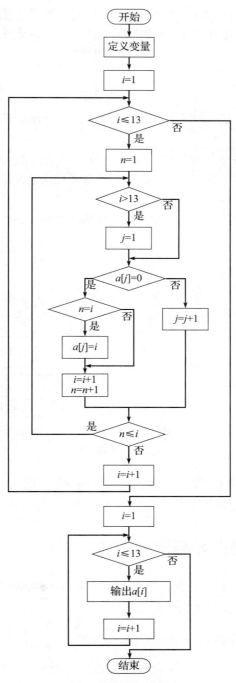

图 4-2 复杂的流程图

画流程图属于程序设计的工作了。有经验的程序员可以根据流程图来编写程序。

"就像每个工程师都要画图纸，画出条理清晰的流程图也是对程序员最基本的要求哦。"西西船长说道。

4.1.2　三种基本结构

"图形只用了三种，但是这图的结构也够复杂的啊，看得我眼都花了。"大熊看了那个复杂的流程图后说。

程序流程图是采用图形来表示的程序。一个一个的图形看起来就像装配在一起的零件一样。

克里克里说："不管多复杂的流程图，一般都由三种基本结构组成。这就叫作结构化的程序设计。"

"哪三种？"大熊问。

"看图吧。"克里克里画了三张流程图来表示三种基本结构，如图 4-3 所示。

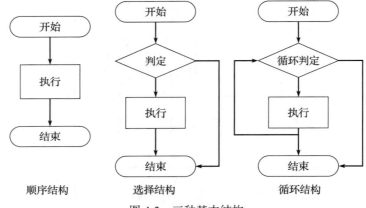

图 4-3　三种基本结构

程序设计的三种基本结构就是顺序结构、选择结构和循环结构。很幸运，这三种结构我们都已经学过了。所以，可以使用简单的代码来进一步描述流程图。

4.2　任务分配：多重循环与排列函数

派森号有 5 项新的任务，根据情况，每个人只能分配一项任务。大家都很忙，西西船长决定由菲菲兔、大熊和自己先来完成其中的 3 项任务。

4.2.1　一共有多少种方案

"五项任务，分配给三个人，每人分一项任务。"大熊觉得这个问题好像很耳熟。

"你能告诉我一共可以有多少种分配方案吗？"西西船长问大熊。

"我试试!"大熊先把 5 个任务进行了编号：1 号到 5 号。三个人也简单称为 A、B、C。

"每人每次从 5 个编号里任选一个，三个人都选完就算一种方案。"说完，大熊撸起袖子写了一个程序，名为 five_tasks.py，代码如下：

```python
count=0                     # 方案计数
for A in range(1,6):
    for B in range(1,6):
        for C in range(1,6):
            print(A,B,C)    # 输出方案
            count+=1        # 增加计数
print(" 一共有 %d 种分配方案 "%count)
```

每次每个人都可能分配 5 项任务中的任何一个，所以要遍历 range(1, 6)，它包含 1 ~ 5 的任务编号。运行程序，我的天哪，居然有 125 种方案，结果如图 4-4 所示。

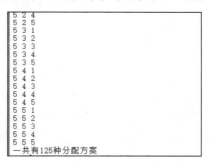

图 4-4　错误的分配方案数量

"等等，这个结果显然不对啊!"大熊咬着手指头说，"方案里编号有重复!"

"是呀，每个人分配的任务不能相同。所以要增加判断条件。"西西船长提示大熊。大熊点点头，将程序修改了一下，代码如下：

```python
count=0                                              # 方案计数
for A in range(1,6):
    for B in range(1,6):
        for C in range(1,6):
            if A!=B and B!=C and A!=C:
                print("(%d,%d,%d)"%(A,B,C),end='    ') # 输出方案
                count+=1                             # 增加计数
                # 控制每行输出 5 个方案
                if count%5==0:
                    print()
print(" 一共有 %d 种分配方案 "%count)
```

大熊在三层 for 循环里增加了 if 语句，只有三人分配到的任务各不相同时才算一个正确的方

案。他还顺便将输出变整齐了一些，每当 count 是 5 的倍数时，输出一个 print() 来换行。再次运行程序，看起来舒服多了，如图 4-5 所示。

```
(1, 2, 3)    (1, 2, 4)    (1, 2, 5)    (1, 3, 2)    (1, 3, 4)
(1, 3, 5)    (1, 4, 2)    (1, 4, 3)    (1, 4, 5)    (1, 5, 2)
(1, 5, 3)    (1, 5, 4)    (2, 1, 3)    (2, 1, 4)    (2, 1, 5)
(2, 3, 1)    (2, 3, 4)    (2, 3, 5)    (2, 4, 1)    (2, 4, 3)
(2, 4, 5)    (2, 5, 1)    (2, 5, 3)    (2, 5, 4)    (3, 1, 2)
(3, 1, 4)    (3, 1, 5)    (3, 2, 1)    (3, 2, 4)    (3, 2, 5)
(3, 4, 1)    (3, 4, 2)    (3, 4, 5)    (3, 5, 1)    (3, 5, 2)
(3, 5, 4)    (4, 1, 2)    (4, 1, 3)    (4, 1, 5)    (4, 2, 1)
(4, 2, 3)    (4, 2, 5)    (4, 3, 2)    (4, 3, 5)
(4, 5, 1)    (4, 5, 2)    (4, 5, 3)    (5, 1, 2)    (5, 1, 3)
(5, 1, 4)    (5, 2, 1)    (5, 2, 3)    (5, 2, 4)    (5, 3, 1)
(5, 3, 2)    (5, 3, 4)    (5, 4, 1)    (5, 4, 2)    (5, 4, 3)
一共有60种分配方案
>>>
```

图 4-5　正确的分配方案

大熊发现结果中有一些方案包含的任务是一样的，只是顺序不同。比如（1, 2, 3）、（3, 2, 1）和（2, 3, 1）。

"每种不同的顺序都算一个方案……这不就是数学里的排列问题吗？"大熊记起来了。

"很对！"

4.2.2　排列函数

排列问题非常常见，Python 为它准备了专门的函数。该函数在 Python 自带的 itertools 模块中。下面创建一个 itertools_Demo.py 文件，尝试使用专门的排列函数解决上述任务分配的问题。代码如下所示：

```python
import itertools
count=0
for i in itertools.permutations(range(1,6),3):
    print(i,end='   ')
    count+=1
    if count%5==0:
        print()
print(" 一共有 %d 种分配方案 "%count)
```

首先，引入一个强大的模块 itertools，需要的排列函数就处于该模块中。定义一个变量 count 来记录排列方案的个数，初始值为 0。接下来调用排列函数 permutations()，它需要两个参数：第一个参数是用于选择的集合，可以是任何的序列或集合类数据；第二个参数是需要从中挑选出的样本数量。

对于这个任务分配的例子，可以理解为求从编号为 1 到 5 的五个任务中任选三个排列的方案数。排列函数 permutations() 返回值是所有方案的集合。使用一个 for 循环，将这些方案逐个 print 出来即可。每输出一个方案，将计数器 count 加 1。

同样为了输出整齐，添加了一个 if 语句，每输出 5 个方案就换一次行。最后输出 count 的值。运行程序，看看是不是与之前的原始解决方案结果一样呢？

【练一练】

（1）派森号要对 4 个星球进行星际访问，如果可以把任意星球作为起点，那么访问完所有的星球一共有几种不同的路线？

（2）对于上述星际访问，如果只考虑从派森号所在的 2 号星球出发，那么访问所有星球共有几种路线呢？

4.3　合成实验：组合函数

菲菲兔在派森号的实验室里合成一些新的物品，她手头有 5 种各不相同的矿石，每两种矿石融合在一起都可能合成一件新的物品。

4.3.1　错误的组合结果

"不知道菲菲兔用这些矿石两两合成，一共可能合成多少种新物品呢？"洛克威尔对菲菲兔的实验很感兴趣。

洛克威尔仿照任务分配的例子分析了一下。他说："首先，给矿石都编上号。从 1 ～ 5 号矿石里选择一种的话，一共有 5 种可能性。再从 1 ～ 5 号矿石里选第二种矿石，也有 5 种可能。如果两次选的矿石编号不同的话，就算一种方案。"他创建了一个 group.py 文件，代码如下：

```
count=0          #方案计数
for a in range(1,6):
    for b in range(1,6):
        if a!=b:
            print(a,b)
            count+=1
print(count)
```

运行程序，结果如图 4-6 所示。

"有 20 种组合。这显然是错误的！"洛克威尔自己都觉得不对。

仔细查看打印出来的那些组合，（1，2）和（2，1）、（2，4）和（4，2）等等组合，包含的矿石编号一样，仅仅是顺序不同，那么合成的物质应该是一样的，只能算同一种组合。

如何从所有方案中去掉这些重复的组合呢？

4.3.2　没有重复元素

Python 中有一个数据类型，叫作 set，也可以称为集合，用花括号来包含其元素。虽然与字典一样也用花括号，但是集合的元素并不是键

```
(1,2)
(1,3)
(1,4)
(1,5)
(2,1)
(2,3)
(2,4)
(2,5)
(3,1)
(3,2)
(3,5)
(4,1)
(4,2)
(4,3)
(4,5)
(5,1)
(5,2)
(5,3)
(5,4)
一共20种组合。
```

图 4-6　错误的组合结果

值对。集合的元素和列表一样，可以是其他简单类型的数据。例如：

```
>>> {1,2}
{1, 2}
>>> {1,'a',('a','b'),print,1+2,print('x')}
x
{1, 3, <built-in function print>, 'a', None, ('a', 'b')}
```

从例子中可以看出，集合的元素可以包括数值、元组、字符串、函数值、函数本身等。一个与列表不同的地方是，列表和字典类型不能作为集合的元素，例如：

```
>>> x=[1,2,3]
>>> y={1:'big',2:'small'}
>>> {1,x}
Traceback (most recent call last):
    File "<pyshell#10>", line 1, in <module>
        {1,x}
TypeError: unhashable type: 'list'
>>> {1,y}
Traceback (most recent call last):
    File "<pyshell#11>", line 1, in <module>
        {1,y}
TypeError: unhashable type: 'dict'
```

"集合还有一个最大的特点，集合中没有重复元素。"洛克威尔说，"而且集合不区分元素的顺序。我打算就用集合来去掉矿石组合中的重复方案。"他重新修改了 groups.py 程序，修改后的代码如下：

```
groups=[]        #空列表，用于存放组合方案
for a in range(1,6):
    for b in range(1,6):
        if a!=b:
            if {a,b} not in groups:
                groups.append({a,b})
                print("{%d,%d}"%(a,b))
print(len(groups))
```

这次增加了一个列表 groups，用于存放所有的组合方案，初始化为空列表。然后将循环选出的两种矿石 a 和 b 以集合的形式存放。对于集合来说，{a, b} 和 {b, a} 是相同的，看下面的逻辑表达式就明白：

```
>>> [1,2]==[2,1]
False
>>> (1,2)==(2,1)
False
>>> {1,2}=={2,1}
True
```

利用这一点，将 {a, b} 存入列表 groups 前，先判断一下是否已有存在的集合。这样，groups 的元素中就不会有相同的集合。最后，列表 groups 中元素的个数就是组合方案的数量。

运行程序，结果如图 4-7 所示。

```
{1, 2}
{1, 3}
{1, 4}
{1, 5}
{2, 3}
{2, 4}
{2, 5}
{3, 4}
{3, 5}
{4, 5}
一共有10种组合方案。
```

图 4-7 矿石组合

"我好期待十种新的物品出现！"实验室门外的大熊欢呼道。

4.3.3 组合函数

"矿石的组合方案似乎不是排列问题了呢！"大熊开动脑筋想了想，"因为两样物品放在一起合成的话，谁放前或谁放后都没有关系。"

"确实是这样。"西西船长说，"显然这就不是排列问题了。数学上这种无关顺序的选择问题属于组合问题。"

Python 中同样也提供了现成的组合函数，也在 itertools 模块中。建立一个 itertools_demo2.py，用现成的组合函数来计算一下合成矿石有几种方案，代码如下：

```python
import itertools
count=0
for i in itertools.combinations(range(1,6),3):
    print(i,end='   ')
    count+=1
    # 整齐输出
    if count%5==0:
        print()
print("一共有 %d 种组合方案。"%count)
```

整个代码和任务分配时创建的 itertool_demo.py 程序几乎一样。唯一不同的是这次使用的是 combinations() 函数，它是 itertools 模块中提供的组合函数。运行程序，结果如图 4-8 所示。

```
(1, 2, 3)   (1, 2, 4)   (1, 2, 5)   (1, 3, 4)   (1, 3, 5)
(1, 4, 5)   (2, 3, 4)   (2, 3, 5)   (2, 4, 5)   (3, 4, 5)
一共有10种组合方案。
```

图 4-8 组合函数运行结果

组合函数的返回结果为一个专门的 itertools.combinations 对象，如下所示：

```
>>> itertools.combinations(range(1,6),4)
<itertools.combinations object at 0x0000021A4AB74F48>
```

"既然它可以用 for 循环迭代，应该可以转换成序列类型吧？"菲菲兔猜测。她使用如下代码试验了一下：

```
>>> list(itertools.combinations(range(1,6),4))
[(1, 2, 3, 4), (1, 2, 3, 5), (1, 2, 4, 5), (1, 3, 4, 5), (2, 3, 4, 5)]
```

果然，组合函数的结果转换成了一个列表，列表的每一个元素都是一个元组。

【练一练】

太空中有 8 个空间站，每 3 个空间站可以确定一个平面，而且没有 4 个空间站处于同一平面，则一共可以确定几个平面。

4.4　阿喀琉斯隧道：队列的实现

派森号第一次穿越著名的阿喀琉斯隧道。这条隧道是通往美丽的飞龙星球最近的通道。据说这条隧道只在特定的时间和特定的空间出现，谁也记不起距上一次它出现在银河系已经有多久了。几乎所有的飞船都想要抓住这个机会。

4.4.1　什么是队列

派森号来到隧道口，大家一看都傻了眼。各种大大小小的飞船都挤在隧道口，场面一度混乱。派森号在远处停机观望。

"太多飞船了，必须建立一个队列机制！"西西船长说。

"什么是队列机制？"大家异口同声地问。

"简单地说，就是排队！Python 里的队列模块提供了这方面的功能。"西西船长创建了一个示例程序，名叫 Achilles_queue.py，并输入以下代码：

```
import queue                      # 引入队列模块
tunnel=queue.Queue()             # 创建队列
```

Python 提供了一个内置模块 queue，专门处理有关队列的功能。使用 queue 的 Queue() 方法即可创建一个队列，赋值给变量 tunnel。运行一下程序，再用 type(tunnel) 获取一下 tunnel 的类型：

```
>>> type(tunnel)
<class 'queue.Queue'>
```

可以看出，程序所创建的队列是一种 queue.Queue 类型的数据。

"队列是一种类似排队的数据结构，里面可以排很多的元素。"西西船长告诉大家，初始时队

列是空的。她在程序后面添加以下代码进行验证：

```
>>> tunnel.empty()
True
```

队列的 empty() 函数用于测试队列中是否有数据在排队。英文 empty 是"空"的意思。tunnel.empty() 结果显示 True，表示队列 tunnel 确实是空的。

"队列并不是 Python 的标准数据类型，但它是一种常用的数据结构。"西西船长耸耸肩说，"你看这么多飞船要进入隧道，就应该使用队列。"

4.4.2　FIFO

由于隧道的时空力量，排在队伍第一个的飞船需要一点时间才能摆脱隧道，飞向出口外。这导致隧道里排起了长队。终于，派森号也挤进了阿喀琉斯隧道的入口。但是队伍很长很长，一眼望不到头。

派森号在隧道的飞船队伍中慢慢地往前挪动。"我们什么时候才能从这个隧道出去啊！"菲菲兔叹了口气说道。

目前，阿喀琉斯隧道中排队的飞船就像是 Python 里的队列结构。先进入队列的总是先出去，后进入的也只能后出去，简称先进先出，或者 FIFO（First In First Out），如图 4-9 所示。

图 4-9　队列的基本性质：FIFO

菲菲兔一看，派森号的前面起码还有 500 艘飞船。她把刚才创建的队列修改了一下，在里面添加了 500 个元素。添加代码如下：

```
# 向队列放入元素
for ship in range(500):
    tunnel.put(" 飞船 "+str(ship))
```

使用队列的 put() 函数，即可向队列末尾添加一个元素。接着，着急的菲菲兔将派森号也排进队列：

```
tunnel.put(" 派森号 ")
```

使用 put() 方法只能一次一个地向队尾放进元素，先放进去的排在前面，后放进去的排在后面。

相应的，队列使用 get() 方法来取出队头的一个元素，因为只能从队头取这个元素，所以不必指定取出谁。为了展示队列的 FIFO，菲菲兔补充了如下代码：

```
head=tunnel.get()
print(head)
```

"你们觉得输出会是什么呢？"菲菲兔运行程序，结果如图 4-10 所示。

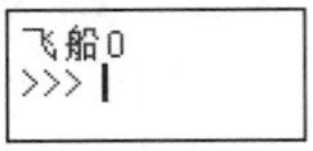

```
飞船0
>>> |
```

图 4-10   FIFO 演示

没错，每次使用 get() 方法后，总是最先进入队列，排在最前头的元素被取出。派森号每移动一次，菲菲兔就 get 一次。根据队列 FIFO 的特性，如果要轮到派森号，就要把他前面的 500 艘飞船都依次取出。

菲菲兔再次打开前面的队列程序，添加代码如下：

```
# 取出队列里的所有元素
for ship in range(tunnel.qsize()):
    head=tunnel.get()
print(head)
```

使用 for 循环，将所有的元素都取出。队列的 qsize() 方法可以获取队列的实际长度，也就是队列中元素的个数。运行程序，结果如图 4-11 所示。

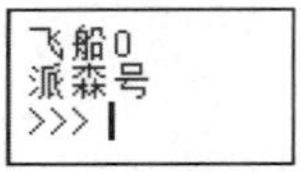

```
飞船0
派森号
>>> |
```

图 4-11   全部元素都取出

当所有元素都取出后，队列中就没有元素了。在 Python Shell 中执行以下代码检测一下：

```
>>> tunnel.empty()
True
```

"真的呀！队列空了。"

4.4.3   隧道装满啦

菲菲兔看着派森号后面不断挤进隧道的飞船，突然想起一个问题："阿喀琉斯隧道会不会被飞船装满呀？"

"有可能哦！"西西船长说，"创建队列时如果指定了队列的长度，那么当元素数量达到队列长度的时候，队列就排满了。"说完，她重新创建了一个文件 queue_demo.py，代码如下：

```
import queue                          # 引入队列模块
```

```
tunnel=queue.Queue(100)                    # 创建队列，容量100
print('队列长度为：',tunnel.qsize())

print('填充队列……')
for i in range(100):
    tunnel.put(i)
print('队列长度为：',tunnel.qsize())
```

运行程序，结果如图 4-12 所示。

```
队列长度为： 0
填充队列……
队列长度为： 100
>>> |
```

图 4-12   限长队列

这次，队列 tunnel 在创建时被指定了容量为 100。现在队列中已经填了 100 个数，所以队列应该是满了。用下面的代码测试一下：

```
>>> tunnel.full()
True
```

队列的 full() 方法可以测试队列是否装满。结果为 True，说明队列的确是满了。

"这时如果试图继续向队列中 put 元素进去，会怎样呢？"菲菲兔有点调皮。

西西船长用代码试了试，她在提示符后输入：

```
>>> tunnel.put(101)
```

结果光标一直闪烁，没有任何其他显示。其实这时程序没有结束，队列正在等待有空位出现，好把整数 101 塞进队尾。

队列还有一个不做等待而直接往里塞的 put_nowait() 函数，来试试看使用它会怎样吧：

```
>>> tunnel.put_nowait(101)
Traceback (most recent call last):
    File "<pyshell#0>", line 1, in <module>
        tunnel.put_nowait(101)
queue.Full
```

意料之中，系统报错：队列已经满了！

"队列经常应用在线程操作中……以后有时间再细说吧！"西西船长指着窗外说，"终于轮到我们出隧道啦！"

【练一练】

用队列的性质制作一个显示古诗的简单程序，每隔 2 秒显示一句。

励志照亮人生   编程改变命运

4.5　遇见飞龙：类与对象

派森号来到梦寐以求的飞龙星球。刚一降落，就跑过来一只从没见过的飞龙，大大的嘴巴、大大的眼睛，全身漆黑，四肢短而有力，尾巴长长，翅膀是折叠的。它是什么品种呢？它叫什么名字呢？大家心中充满疑惑。

4.5.1　什么是类

大家一齐看向见多识广的西西船长，问："这是只什么龙？"

西西船长也摇摇头说："我也是头一回见呢！"虽然不知道它是什么品种，但大家觉得还是有一些线索可循。

1）不管怎样，它是一种飞龙。

2）它具有一些属性：大嘴巴、大眼睛、黑色等。

3）它具有一些行为：会走、会跑，还会飞。也许还有其他隐含技能。

大熊非常喜欢这只飞龙，他打开系统查询了一下，发现有一种飞龙与眼前的这只特征一致，这个品种叫作 black night。Python 文件 black_night.py 对它进行了描述，代码如下：

```
# 定义类
class black_night:
    # 类属性
    title=" 暗夜精灵 "
    color=" 黑色 "
    feature=[' 大嘴 ',' 大眼睛 ',' 长尾巴 ',' 翅膀 ']
```

这段代码使用关键字 class 定义了一个叫作 black_night 的类。定义类的格式很简单：

```
class 类名：
```

所谓定义类，就是创造一个新的数据类型，所以类的类型就是 type。使用 type() 函数验证一下：

```
>>> type(black_night)
<class 'type'>
>>> type(5)
<class 'int'>
>>> type(int)
<class 'type'>
```

道理没错！ 5 的类型是 int，而 int 的类型就是 type。

在类的内部，可以定义这种数据类型的各种性质。比如在类 black_night 中定义了飞龙的 title、color、feature 等所有属性。属性的定义格式是：

```
属性名 = 属性值
```

可以使用点（.）操作符来引用类中的属性，如运行 black_night.py 程序后，在 IDLE Shell 中输入如下代码：

```
>>> black_night.title
'暗夜精灵'
>>> black_night.color
'黑色'
>>> black_night.feature[0]
'大嘴'
>>> black_night.feature[1]
'大眼睛'
```

除了要指明类名以外，与使用普通变量没有区别。另外，也可以通过相同的方式改变属性的值，如以下代码给 black_night 中的 feature 属性添加了一个元素：

```
>>> black_night.feature.append('四肢发达')
>>> black_night.feature
['大嘴', '大眼睛', '长尾巴', '翅膀', '四肢发达']
```

"你好啊，暗夜精灵！你会飞吗？"菲菲兔问这只友善的飞龙。

4.5.2　龙的行为

"除了属性以外，龙一定还有一些行为。对了，我还没有定义 black night 的行为哪！"大熊说。

类中定义的行为，称为"方法"。大熊在程序末尾添加了一段方法的定义，格式与定义普通函数一样，代码如下：

```
# 静态方法
def say1():
    print('呼噜！咕噜！')


def say2():
    print('我是一只飞龙！')
```

可以使用"类名.方法名"的格式来调用这些方法。例如：

```
>>> black_night.say2()
呼噜！咕噜！
```

"简单吧！"大熊说道，"神奇的是，类中的这些方法在定义时，可以使用类中的属性和其他方法。"说完，他又添加了一段代码：

```
def say3():
    import random
    x=random.choice(black_night.feature)
    print('我有 %s'%x)
```

```
def touched():
    import random
    x=random.choice([1,2,3])
    if x==1:
        black_night.say1()
    elif x==2:
        black_night.say2()
    elif x==3:
        black_night.say3()
```

首先添加了 say3()，它从属性 feature 中随机挑选一项输出。然后又添加了 touched() 方法，当执行 touched() 方法时，随机地选择调用类内部的 say1()、say2() 或 say3()。

"在 Python 类中可以定义三种方法，这种定义起来与普通函数一样的叫作静态方法。"大熊强调说，"不同的是，在定义静态方法时，如果要调用类中的属性和其他静态方法，需要在属性名或方法名前面写上完整的类名。"例如：

```
black_night.feature
black_night.say1()
```

"静态方法可以通过类名调用，还是使用那个点号运算符。"大熊用一段代码演示了一下：

```
>>> for i in range(10):
    black_night.touched()

我有长尾巴
呼噜！咕噜！
我有大嘴
我是一只飞龙！
我有大眼睛
我是一只飞龙！
我是一只飞龙！
我是一只飞龙！
我有长尾巴
我有大嘴
```

代码中 black_night.touched() 通过类名 black_night 直接调用静态方法 touched。

大伙问大熊："既然有静态方法，那肯定也有动态方法吧？"

"那是肯定的，只不过在 Python 里它不叫作动态方法。"大熊说，"我先卖个关子。"

4.5.3　Bob 是条龙

"这是一只 black night 没错！"大熊说，"我们给它起个名字吧！叫'Bob'怎么样？Bob 和 black_night 的关系用 Python 语言来说就是对象和类的关系。"说完，大熊建立了一个 oop_demo.py 文件，并输入了以下代码：

```
from black_night import black_night
bob=black_night()                        # 实例化
print(' 对象的属性, title=',bob.title)      # 调用对象的属性
```

有了类的定义以后，凡是根据这个类创造的东西，统统称为类的"实例"，也有人把它叫作"对象"。创建一个类的对象的过程称为"实例化"。对象是类的实例。创建后对象就具有类中定义的所有特征。

这段代码中首先从模块 black_night 中引入 black_night 类。然后创建实例 bob，它是类 black_night 的对象。最后的输出语句对对象的 title 属性进行了调用。运行程序，结果如图 4-13 所示。

```
实例的属性，title= 暗夜精灵
>>>
```

图 4-13　调用对象的属性

"那是否可以调用方法呢？"说着，洛克威尔试了一下如下代码：

```
>>> bob.touched()
Traceback (most recent call last):
    File "<pyshell#0>", line 1, in <module>
        bob.touched()
TypeError: touched() takes 0 positional arguments but 1 was given
```

他试图用实例 bob 调用类中的静态方法，结果报错了。事实证明，这样是不行的。

程序设计领域经常说到的 OOP（Object Oriented Programming），就是指使用面向对象的概念来编程。

Python 语言支持类和对象的所有相关概念和技术，被称是面向对象的语言。下面列出了 OOP 的一些基本概念，如表 4-1 所示。

表 4-1　OOP 的一些基本概念

概念	解　释
类	用来描述具有相同的属性和方法的一类事物的模板。类定义了这些事物所共有的属性和方法。使用 class 关键字创建类
对象	通过类定义的每个具体事物称为类的"对象"。对象包括两种数据成员（类变量和实例变量）和方法
方法	类中定义的函数。与普通函数不同，方法必须有第一个参数，代表类的实例。习惯上使用 self 来命名这个参数
类变量	定义在类中且在函数体之外的变量。类变量在整个实例化对象中是公用的
实例变量	在类的方法中定义的变量，只作用于当前实例

"OOP 是一门深奥的学问，在此暂不深入讲解，以后遇到的时候再慢慢讲吧！"大熊觉得一言难尽。

4.5.4　实例的特权

"你刚才说 Python 类除了静态方法，还有动态方法，但又不叫动态方法，那叫什么呢？"洛克威尔问大熊，"快说，别卖关子啦！"

"叫作实例方法！"大熊解释说，"实例方法这个名字比动态方法更加特征鲜明。因为实例方法只能由类的实例调用。"说完大熊立马就给大家展示了 black_night 类中的几个实例方法：

```
# 实例方法，只能被实例调用
def run(self):
    return '我在跑'

def eat(self,food):
    return '我在吃'+str(food)
```

实例方法的定义与静态方法的定义有一处不同，参数列表的第一个参数默认代表类的实例，一般写作 self。必须使用实例来调用实例方法，如果使用类名来调用实例方法，就会报错。运行程序，并输入以下代码：

```
>>> black_night.run()
Traceback (most recent call last):
    File "<pyshell#0>", line 1, in <module>
        black_night.run()
TypeError: run() missing 1 required positional argument: 'self'
```

错误提示显示：缺少 1 个参数。像下面这样也不行：

```
>>> black_night.run(self)
Traceback (most recent call last):
    File "<pyshell#1>", line 1, in <module>
        black_night.run(self)
NameError: name 'self' is not defined
```

错误提示：参数 self 未定义。因为在类的外部，self 什么也不是。如果非要强行用类名调用实例方法，只能这样：

```
>>> black_night.run(black_night)
'我在跑'
```

给方法传入类名作为参数。这并不是 Python 设计者的初衷，所以不提倡这样使用。正确调用实例方法的步骤当然是先创建实例：

```
>>> bob=black_night()
>>> bob.run()
'我在跑'
>>> bob.eat('鱼')
```

```
'我在吃鱼'
```

先实例化一个类的对象 bob，再通过它来调用实例方法就自然而然了。此时不需要考虑第一个参数。

"那么实例方法在定义的时候能不能使用类内部的属性和其他方法呢？"洛克威尔刨根问底。

"可以呀！"大熊说完就给 black_night 类新加了一个属性和一个方法：

```
speed_fly='600 公里 / 小时 '

def fly(self):
    black_night.say2()                                      # 访问静态方法
    print(self.run(),' 速度 ',black_night.speed_run)        # 访问实例方法和属性
    print(' 我正在以 ',self.speed_fly,' 的速度飞行。')        # 访问属性
```

实例方法 fly() 调用了类的静态方法、实例方法和属性 speed。调用时要注意：

1）调用静态方法，要前缀类名。

2）调用实例方法，要前缀 self。

3）调用属性，前缀 self 或类名都行，但不能没有前缀。

【练一练】

创建一个描述一种飞船的 Python 类，自由定义这个类的名称、属性和方法，要求包含一个 report 静态方法，显示所有属性值。

4.6　龙的家族：类的继承

大家正围着 Bob 说长道短，这时又飞过来一只白色的飞龙，同 Bob 长得差不多，除了是——白色！

4.6.1　与生俱来

"一只白色的暗夜精灵！"大家都惊呆了，"为什么会有白色的 black night ！"

"答案很简单——与生俱来。通俗地说，就是天生的。"大熊解释说，"每当有一只新的 black night 产生时，就会按照一种事先存在的神秘方法来构造它的基因……"

大熊觉得这种神秘的方法有点像类里面的一种特殊方法，叫作构造方法。每当需要创建对象的时候，就会调用类的构造方法，按照方法里的函数体来创建对象的先天属性。

为此，大熊新建了一个 class_init.py 文件，重写了 black_night 类，并给它添加了一个构造方法，代码如下：

```
# 定义类
```

```
class black_night:
    # 类属性
    title=" 暗夜精灵 "
    color=" 未知 "
    name=' 未知 '

    # 定义构造方法
    def __init__(self,color,name):
        self.color=color
        self.name=name

    # 实例方法，只能被实例调用
    def intro(self):
        print(' 一只 %s 色的 %s'%(self.color,self.title))
        print(' 我的名字是 ',self.name)
```

类 black_night 定义了一个名为 __init__ 的方法。方法名由两条连续的下划线开始和结束，而且中间必须是 init，它就是类的构造方法。这个构造方法有 3 个参数：

1）self——必须有，且必须为第一个参数，用于获取类的实例。名称随意，但习惯上使用self。

2）color——用于获取传入的字符串，初始化实例的颜色。

3）name——用于获取传入的字符串，初始化实例的名字。

函数体只有两行代码，将传入的参数 color 和 name 赋值给实例的属性 self.color 以及 self.name。

在 Python 中，每个类只能有一个构造方法。如果类中没有自定义的构造方法，Python 会使用默认的构造方法，默认构造方法是只有一个 self 参数的方法。

有了新的构造方法以后，就要遵循构造方法的要求来实例化类了。例如运行程序后输入以下代码：

```
>>> a=black_night(' 白 ','Alice')
>>> b=black_night(' 黑 ','Bob')
>>> a.intro()
一只白色的暗夜精灵
我的名字是 Alice
>>> b.intro()
一只黑色的暗夜精灵
我的名字是 Bob
```

依照构造方法创建对象 a 和 b，传入两个参数。这时对象 a 的两个属性 color 和 name 就获得了赋值"白"和" Alice"。对象 b 的两个属性 color 和 name 被分别赋值"黑"和" Bob"。当用"对象名 . 方法名"的方式调用后，分别显示了构造方法中传入的参数。

"据我估计，应该还有更多颜色的 Black Night！"大熊望着窗外说。

4.6.2　族谱

大家观察到，飞龙星球除了 Black Night 外，还有其他许多品种的龙，各有各的特别之处。比如 Double Heads 有两个头，而 Dust Spy 虽然有翅膀，但是不会飞……

虽然这些种类特点鲜明，但它们又都具有飞龙的一切特征，比如：都有头和尾，都有四条腿，而且都爱吃鱼……可以说 "Black Night""Double Heads""Dust Spy" 以及其他一些种类都是由飞龙类 "派生" 而来，或者说它们 "继承" 了飞龙类。同时，这些类也可能具有它自己的派生类。比如粉红色的 Black Night、超级 Dust Spy 或者恐怖双头龙。这些类之间的继承关系可以用图 4-14 表示。

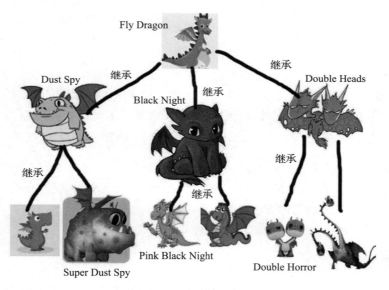

图 4-14　类的继承关系

类的继承是 OOP 中最有代表性的概念。继承其他类的类称为 "子类"，被继承的类则称为 "父类"，子类和父类也可以分别称为 "派生类" 和 "基类"。继承可以理解为子类从父类获取属性和方法的过程。如果类 black_night 继承 fly_dragon 类，那么 black_night 默认具有 fly_dragon 的属性和方法。

"通过继承关系来定义类会减少很多工作量。我们来看看怎么做吧！" 大熊说着新建了一个 Python 文件，保存为 inherit_demo.py，输入以下代码：

```
# 定义父类
class Fly_dragon:
    # 定义属性
    title=' 飞龙 '
```

```
            star='飞龙星球'

            #定义方法
            def say(self,words):
                print(words)

    #定义子类
    class Black_night(Fly_dragon):
        #属性
        title=" 暗夜精灵"
        color=" 黑色"
        speed_fly='600 公里 / 小时'

        #实例方法，只能被实例调用
        def fly(self):
            print(' 我正在以 ',self.speed_fly,' 的速度飞行。')        #访问属性
```

首先定义了父类 Fly_dragon，父类中定义了两个属性和一个实例方法。然后定义了子类 Black_night，子类中定义了 3 个属性和一个实例方法。定义子类时指明它继承的父类。实现继承关系很简单，在类定义时，在类名后面用圆括号标注父类的类名就行了。例如：

```
class Black_night(Fly_dragon):
```

这就表示类 Black_night 继承类 Fly_dragon。对比上面代码中子类和父类定义的代码，可以看到，子类中定义了一些属性，有的是父类也具有的，比如 title，有的是父类没有的，如 color、speed_fly。子类中还定义了父类中没有的方法 fly(self)。

"继承以后会发生什么呢？"大家迫不及待地问大熊。

4.6.3 遗传的特征

子类继承了父类后，就会具有父类的所有特征，包括属性和方法。同时还具有自己增加的新特征。

"举个例子来看看遗传的特征吧！"大熊创建了一个新文件 inherit_main.py，调用 inherit_demo 中的父类和子类，来验证遗传的特征。代码如下：

```
# 遗传的特征
import inherit_demo                                    # 引入包含类定义的模块

# 实例化父类
dragon1=inherit_demo.Fly_dragon()
print('dragon1=',dragon1)                              # 打印对象
print('【调用父类的成员】')
dragon1.say('Hello,我是一只 '+dragon1.title+'。')        # 调用父类的属性和方法

# 实例化子类
```

```
Bob=inherit_demo.Black_night()
print('Bob=',Bob)                                    # 打印对象
print('【调用子类的 fly() 方法】')
Bob.fly()                                             # 调用子类的方法
print('【调用继承自父类的方法属性】')
Bob.say(" 我是一只 "+Bob.title+', 我是 '+Bob.color+', 我来自 '+Bob.star)   # 遗传自父类的方法
```

首先，通过 import inherit_demo 引入包含类定义的模块。然后创建了父类的对象 dragon1，调用了父类的属性和方法。接下来实例化子类的对象 Bob，并调用子类的属性和方法。程序中还输出了两个实例对象。运行程序，结果如图 4-15 所示。

```
dragon1= <inherit_demo.Fly_dragon object at 0x0000022928011C50>
【调用父类的成员】
Hello,我是一只飞龙。
Bob= <inherit_demo.Black_night object at 0x0000022928001748>
【调用子类的fly()方法】
我正在以 600公里/小时 的速度飞行。
【调用继承自父类的方法属性】
我是一只暗夜精灵，我是黑色，我来自飞龙星球
>>>
```

图 4-15　类的遗传特性示例

对照代码，可以看出子类 Black_night 中虽然没有定义 say() 方法和 star 属性，但是它的实例 Bob 却可以调用父类的 say() 方法和 star 属性。

"这不是遗传是什么？"大熊反问大家。

4.6.4　Mary 是不是 Bob 的女儿

"我来定义一个 Pink Black Night 类吧，它遗传自 Black Night。"洛克威尔跃跃欲试。他要给 Pink Black Night 添加一点儿不一样的特点。他新建了一个 override_method.py 文件，在里面添加了一个新的类，代码如下：

```
# 遗传的特征
import inherit_demo                                  # 引入包含类定义的模块

class Pink_black_night(inherit_demo.Black_night):
    # 属性覆盖
    color=' 粉色 '

    # 方法覆盖 override
    def fly(self):
        print('Pink Fly!',' 来自 ',self)

    def super_fly(self):
        super().fly()                                # 通过 super() 函数调用父类的函数

Mary=Pink_black_night()                              # 实例化
print('Mary 是 ',Mary)
```

```
Mary.say(' 我是一只 '+Mary.color+' 的 '+Mary.title)    # 调用覆盖属性和未覆盖属性
Mary.fly()                                          # 调用覆盖方法
Mary.super_fly()                                    # 间接调用父类方法
```

首先引入 inherit_demo 模块，因为父类的定义在里面。然后通过继承引入的 Black_night 类来定义 Pink_black_night 类。这个新的子类具有一个与父类一样的属性 color，但是属性值不同。同时它还具有一个与父类一样的方法 fly()，但是方法的执行代码不同。另外，该类还定义了一个新的方法，叫作 super_fly()，方法的执行代码只有一句：super().fly()。这一句是什么意思？后面再讲。

接下来，实例化一个 Pink_black_night 类的对象，叫作 Mary，然后分别调用了三个方法。运行结果如图 4-16 所示。

```
Mary是 <__main__.Pink_black_night object at 0x000002768F8D1C50>
我是一只粉色的暗夜精灵
Pink Fly!Pink Fly!
我正在以 600公里/小时 的速度飞行。
>>>
```

图 4-16 覆盖方法的示例

对照代码仔细看一下，Mary 调用了三个不同类的方法：

1）Mary.say()。生成 Mary 的类 Pink_black_night 中并没有定义 say() 方法，所以它是哪里来的呢？很显然，这是继承了父类的 say() 方法。但是回到前面看一下，父类 Black_night 中也没有定义 say() 方法，所以它是来自哪里的 say() 方法呢？对了，它是来自更上层的父类 Fly_dragon 的 say() 方法。这说明，子类层层继承它上面的各级父类。

2）Mary.fly()。该方法与父类中的 fly() 方法函数名和参数都一模一样。当实例调用它时，不会调用到父类中的同名方法，因为它被本类中的同名方法 "override" 了，也叫作 "重写" 或 "覆盖"。

3）Mary.super_fly()。这是特地为了调用父类中的 fly() 方法而定义的一个方法。查看 super_fly() 的定义，有一行语句：super().fly()。当在子类中想要调用父类中的同名方法时，可以使用 super() 函数来获得父类的引用。

"Mary 是 Bob 的女儿吧？一定是这样的！"洛克威尔觉得既然 Mary 是 Pink_black_night 的实例，Bob 是 Black_night 的实例，Pink_black_night 又是 Black_night 的父类。所以 Mary 一定就是 Bob 的女儿。

"哈哈，这是一个常见的误区！"大熊大笑，他说，"虽然两个类是父子关系，但它们的确是不同的两个类！因此它们的实例其实是两种不同类的对象。只能说 Mary 属于 Pink_black_night，同时也属于 Black_night。"

洛克威尔说："哦！你说得有道理，我再体会一会儿。"

【练一练】

根据图 4-14 所示的龙族族谱，创建 Dust_spy 和 Double_heads 的类，它们都继承 Fly_dragon

类，再创建它们的子类 Super_dust_spy 和 Double_horror，属性和方法自由发挥。最后创建实例展示各个种类的特征。

4.7　超级寻宝图：图的实现

派森号得到一张航行图，据说在终点纳鲁沃星的某个地方藏有古老的宝藏。现在大家都在研究这张航行图。

4.7.1　什么是图

从派森号现在所在的麋鹿星座 1 号行星出发，经过诸多星球到纳鲁沃星有多条航线。西西船长拿出航行图，与大家讨论选择哪条线路。航行图如图 4-17 所示。

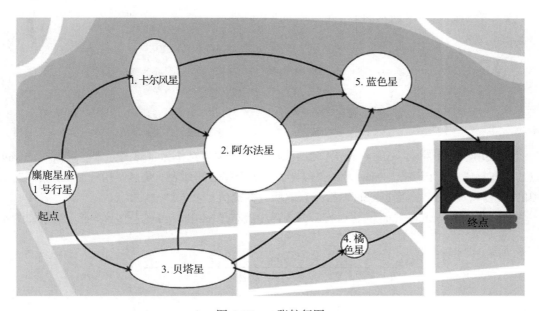

图 4-17　一张航行图

"我觉得可以用字典来表示这张航行图。"洛克威尔说。大家都听了都很惊讶："字典还可以表示图？"

在派森号的历险过程中，很多问题都要利用画图来解决。在计算机科学中，"图"是一种数据结构。利用图可以模拟事物之间的连接关系。图由"节点"和"边"两部分组成。节点是对事物的一种抽象表示，比如航行图中的那些星球，而边则是对节点之间关系的抽象表示，比如各个星球之间的直接航线。图中由边直接连接的节点称为邻居，比如麋鹿星座 1 号行星和卡尔风星及贝塔星是邻居，而卡尔风星和贝塔星不是邻居。

相邻关系是图的一种常见关系。可以用键值对来表示图中的相邻关系（图 4-18）。

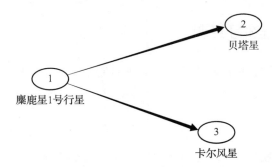

图 4-18　有向图邻居关系

比如要表示如图 4-18 所示的图，可以用如下代码表示：

```
# 图的表示
sailing_map={}                                            # 创建字典
sailing_map['麋鹿星座 1 号行星']=['卡尔风星','贝塔星']      # 添加邻居关系

# 显示邻居关系
for neighbor in sailing_map.items():
    print(neighbor)
```

代码使用了一个字典 sailing_map，然后添加了一个键值对作为字典的元素。键值对的 key 为起点"麋鹿星座 1 号行星"，value 为一个包含了它所有邻居的列表。最后，用一个 for 循环遍历字典中的键值对。调用字典的 items() 函数来获取所有的键值对。

将代码保存为 sailing_map.py，运行后，内存中就有了 sailing_map 这个字典了。结果如图 4-19 所示。

```
('麋鹿星座1号行星', ['卡尔风星', '贝塔星'])
>>>
```

图 4-19　键值对表示相邻关系

字典的元素这种键值对关系可以很好地表达一个节点和它的邻居。要指出的是，图 4-18 中的边是有箭头的，它代表一种方向。所以节点有当前节点和后续节点之分。比如，麋鹿星座 1 号行星的后续节点是卡尔风星和贝塔星，而反过来就不能说卡尔风星的后续节点是麋鹿星 1 号行星。这种有方向的图称为有向图，一个节点的邻居仅限于它的后续节点。

相对于有向图，还有一种无向图，如图 4-20 所示。这种图要更复杂一点，它要考虑双向关系。我们暂时不研究它。

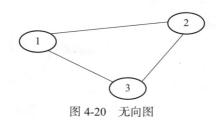

图 4-20　无向图

"我也来写一个邻居关系，大家看看对不对？"大熊说着，立即给 sailing_map 添加了第二个元素：

```
sailing_map['卡尔风星']=['阿尔法星','蓝色星']
```

它代表卡尔风星的两个邻居是阿尔法星和蓝色星。运行程序后，如图 4-21 所示。

```
('麋鹿星座1号行星', ['卡尔风星', '贝塔星'])
('卡尔风星', ['阿尔法星', '蓝色星'])
>>>
```

图 4-21　更多的邻居关系

"没错！没错！"大家都给大熊鼓掌。大熊更起劲了，他一口气建立了所有的邻居关系。代码如下：

```
# 图的表示
sailing_map={}                                      # 创建字典
sailing_map['麋鹿星座 1 号行星']=['卡尔风星','贝塔星']      # 添加邻居关系
sailing_map['卡尔风星']=['阿尔法星','蓝色星']
sailing_map['阿尔法星']=['蓝色星']
sailing_map['贝塔星']=['阿尔法星','蓝色星','橘色星']
sailing_map['蓝色星']=['纳鲁沃星']
sailing_map['橘色星']=['纳鲁沃星']
sailing_map['纳鲁沃星']=[]                            # 没有后续节点

# 显示邻居关系
for neighbor in sailing_map.items():
    print(neighbor)

print('航行图 sailing_map 创建完毕')
```

运行后结果如图 4-22 所示，可通过 sailing_map 的键获取某个星球的邻居。

```
('麋鹿星座1号行星', ['卡尔风星', '贝塔星'])
('卡尔风星', ['阿尔法星', '蓝色星'])
('阿尔法星', ['蓝色星'])
('贝塔星', ['阿尔法星', '蓝色星', '橘色星'])
('蓝色星', ['纳鲁沃星'])
('橘色星', ['纳鲁沃星'])
('纳鲁沃星', [])
航行图sailing_map创建完毕
>>> sailing_map['贝塔星']
['阿尔法星', '蓝色星', '橘色星']
>>>
```

图 4-22　整张航行图

4.7.2　最少停留的航线

星际飞行都需要在途中进行补给。在不同的星球停留可以进行不同程度的补给。从航行图上看，有多种停留方案可以到达目的地。大家最后一致同意按停留最少的航线来飞行。

如何考虑停留最少的航线呢？大家都有这个疑问。

洛克威尔说："可以按下面这个思路来航行。"首先，为简单起见，将航行图简化绘制一次，如图 4-23 所示。

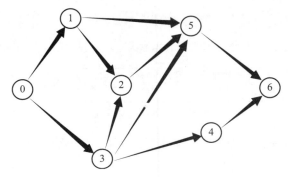

图 4-23　简化的航行图

首先，搜索从起点 0 出发不需停留就直接可达的邻居。一共有 2 条边，0-1、0-3，而且并未到达目的地，那么继续搜索后续的邻居。

从 1 开始有两条边：1-5、1-2。现在可以找出停留 1 次的两条路线，0-1-2 和 0-1-5，但是仍未到达目的地。从 3 出发有 3 条边：3-2、3-5、3-4。可考虑的范围又增加了 3 条路线，0-3-2、0-3-5、0-3-4，也需停留 1 次，最后也没有抵达目的地。

继续搜索停留 2 次的路线：0-1-2-5、0-1-5-6、0-3-2-5、0-3-4-6、0-3-5-6。一共有 5 条，其中有 3 条已经到达目的地，另外 2 条仍未到目的地。

"还需要继续搜索停留 3 次的路线吗？"大家问。

"不需要了，因为我们的目标就是找到停留最少的路径。目前已经有 3 条路径可以满足要求了。"洛克威尔说，"即使再继续搜索下去，停留的星球也只会越来越多。"

0-1-5-6、0-3-4-6 或 0-3-5-6 这 3 条路径中的任何一条都可以经停两次就到达目的地 6。这也是最少的经停次数。

如果经停次数越少就认为是路径越短，那么这次搜索就是寻找最短路径的过程。这类问题被称为最短路径问题（shortest-path problem）。最短路径问题一般通过图来解决。

【练一练】

表示图 4-24，并尝试指出节点 1 到节点 7 的最短路径。

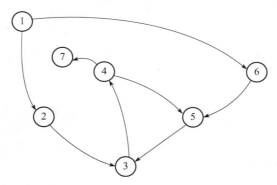

图 4-24　练习航行图

4.8　星门客栈：实现栈结构

派森号找到了航行图，一行人按照图中的指示飞往一个叫作"星门客栈"的地方。来到门前一看，糟糕！来晚了。前面有好多飞船已经进去了，派森号只好排在末尾。这情形让大家想到了那个"阿喀琉斯隧道"。

"难道又是一个队列？"西西船长自言自语道。

4.8.1　一个死胡同

不管怎样，为了宝藏，派森号跟着前面的飞船进入了一个狭窄的通道。不一会儿，后面又跟进来好几艘飞船。大家慢慢吞吞航行了很久以后，突然从队伍的前面传来了整齐划一的广播："请后面的飞船有序退出，这是一个死胡同！再说一遍，请后面的飞船有序退出，这是一个死胡同！"广播从通道的前面一直往后传递，到达派森号的时候，西西船长一看派森号后面的飞船，根本没法退出，只有继续往后面传递广播。这个尴尬的境地可以用图 4-25 表示。

栈尾（顶）　　　　　　　　　　　　　　栈首（底）

图 4-25　栈中的飞船

"看来只有最后面的飞船能够最先出去了。"西西船长说，"原来这个星门客栈是个后进先出的栈。"

"什么是栈？"大家问。看来需要很长时间才能轮到派森号，西西船长决定利用这段时间给大家讲解一下什么是"栈"。

栈也是一种数据结构，它最主要的特点就是 LIFO（后进先出）。栈就像一个死胡同，只能对胡同口，也就是栈的一端的数据进行操作。一般把死胡同的一端称作栈底，把可以操作的一端称为栈顶。

西西船长决定建立一个 Stack 类来定义栈这种数据结构，保存为 simple_stack.py 文件的代码如下：

```
class simple_stack():
    # 构造方法
    def __init__(self,size):
        self.size=size
        self.stack=[]
        self.top=-1
    # 判断栈满
    def is_full(self):
        return self.top+1==self.size
    # 判断栈空
    def is_empty(self):
        return self.top==-1
```

首先定义构造方法，通过构造方法可以初始化一个栈实例的大小 size 和栈顶的下标 top。初始时，栈顶下标为 -1，表示栈内没有任何元素，栈为空。根据顶部下标 top 和 size 的关系可以判断栈是否已满。运行程序，尝试以下代码：

```
>>> mystack=Stack(5)
>>> mystack.is_full()
False
>>> mystack.is_empty()
True
>>> mystack.size
5
>>> mystack.top
-1
>>>
```

"虽然叫作 Stack，但是这并不是一个真正的栈。"菲菲兔说，"说好的后进先出呢?"

4.8.2　后进先出

"对！这才是关键。"西西船长说。从构造方法中可以看到，类 Stack 中定义了一个 stack 属性，初始化为一个空的列表。可以利用列表的 append() 方法向栈中添加元素，利用 pop() 方法从列表中取出数据。我们先来回忆一下列表的这两个方法：

```
>>> x=[]
>>> x.append(1)
>>> x.append(2)
>>> x.append(3)
```

```
>>> x
[1, 2, 3]
>>> x[0]
1
>>> x[1]
2
>>> x[2]
3
```

按后进先出的要求，因为添加元素的顺序是 1, 2, 3，所以取出时的顺序应该是 3, 2, 1。

```
>>> x.pop()
3
>>> x.pop()
2
>>> x.pop()
1
>>> x
[]
```

完全符合构造栈的预期。要注意的是，栈顶的下标应该随着添加元素的个数而增加。弄明白了这些道理，接下来就构造入栈和出栈方法，添加代码如下：

```
# 入栈
def push(self,obj):                    # 检查栈是否满
    if self.is_full():
        print(" 栈已满 ")
    else:
        self.stack.append(obj)
        self.top=self.top+1
# 出栈
def pop(self):                         # 检查栈是否空
    if self.is_empty():
        print(" 栈已空 ")
    else:
        self.top=self.top-1
        return self.stack.pop()        # 返回弹出元素
```

运行程序，输入以下代码进行验证：

```
>>> mystack=Stack(5)
>>> mystack.push(1)
>>> mystack.push(2)
>>> mystack.push(3)
>>> mystack.push(4)
>>> mystack.push(5)
>>> mystack.push(6)
栈已满
```

```
>>> mystack.pop()
5
>>> mystack.pop()
4
>>> mystack.pop()
3
>>> mystack.pop()
2
>>> mystack.pop()
1
>>> mystack.pop()
栈已空
```

"果然是后进先出呢！"菲菲兔惊讶地说。

洛克威尔想了一会，问道："西西船长，栈是不能向中间插入元素的吧？"

西西船长答道："对呀！"

"那这代码似乎有点问题呀！"洛克威尔似乎发现了漏洞。

4.8.3 栈不是列表

洛克威尔发现代码有些漏洞。他展示了下面的代码给大家看：

```
>>> mystack=Stack(5)
>>> mystack.push(1)
>>> mystack.push(2)
>>> mystack.stack
[1, 2]
>>> mystack.stack.insert(1,3)
>>> mystack.stack
[1, 3, 2]
>>> mystack.stack.remove(1)
>>> mystack.stack
[3, 2]
```

他首先创建了一个 Stack 类对象 mystack，然后向里面先后 push 了两个整数 1 和 2。接下来，他调用了 mystack 的 stack 属性，看到是一个列表 [1, 2]。然后问题来了：他使用列表的 insert() 方法向 1 和 2 的中间插入了 3，这就不符合栈的定义了。更糟糕的是，他还使用 remove() 方法把先进栈的 1 给移除了，stack 中剩下莫名其妙的 3 和 2。

西西船长见了也连连点头："果然是有问题呀！"

问题出在哪呢？ Stack 中定义了一个实例属性 stack，它是一个标准的列表，所以实例 mystack 通过 stack 属性可以访问列表的所有方法，当然也包括 insert() 和 remove() 了！原来问题出在这里。

怎么解决这个问题呢？一个比较好的办法就是不让实例访问 stack 这个列表属性。Python 的类定义中有一项规定，如果属性名以双下划线（__）开头，那么该属性为私有属性。所谓私有属性，就是只留给类代码自己使用的属性，类实例是无法调用的。

　　所以把 stack 从构造函数中移出来，改为一个私有变量，就可以解决洛克威尔发现的这个 bug。修改 Stack 的定义如下：

```
class Stack():
    __stack=[]                          # 私有属性
    # 构造方法
    def __init__(self,size):
        self.size=size
        #__stack=[]
        self.top=-1
    # 判断栈满
    def is_full(self):
        return self.top+1==self.size
    # 判断栈空
    def is_empty(self):
        return self.top==-1
    # 入栈
    def push(self,obj):                 # 检查栈是否满
        if self.is_full():
            print(" 栈已满 ")
        else:
            self.__stack.append(obj)
            self.top=self.top+1
    # 出栈
    def pop(self):                      # 检查栈是否空
        if self.is_empty():
            print(" 栈已空 ")
        else:
            self.top=self.top-1
            return self.__stack.pop()   # 返回弹出元素
```

再次验证一下，输入如下代码：

```
>>> mystack=Stack(5)
>>> mystack.push(1)
>>> mystack.push(2)
>>> mystack.pop()
2
>>> mystack.__stack
Traceback (most recent call last):
    File "<pyshell#5>", line 1, in <module>
        mystack.__stack
AttributeError: 'Stack' object has no attribute '__stack'
>>> Stack.__stack
Traceback (most recent call last):
```

```
      File "<pyshell#7>", line 1, in <module>
          Stack.__stack
AttributeError: type object 'Stack' has no attribute '__stack'
```

结果显示，栈实例可以顺利调用 push() 和 pop()，但是不能访问 __stack 变量。这样，就屏蔽了不属于栈的一些方法。Stack 成为了一个真正的栈。

【练一练】

西西船长想知道派森号还需要多久才能出栈。能否创建模拟程序，在不弹出元素的情况下，计算某个元素离栈顶还有多远（即与栈顶之间还有几个元素）？

4.9　一棵树：二叉树结构的实现

派森号路过拜纳瑞星，发现该星球上有一棵巨大的拜纳瑞树。拜纳瑞树的特点是长得很规则，树干上有一个树权，树权上有两个分支。每个分支上又长有一个树权，每个树权上又有两个分支，这样一直生长下去，只在最末端的分支上长有叶子，大家一开始都不知道这树叫什么名字，就叫它"二叉树"，如图 4-26 所示。

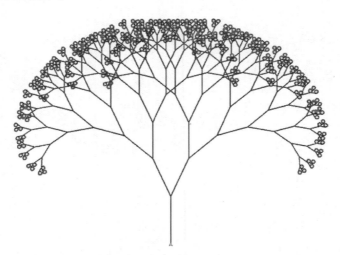

图 4-26　拜纳瑞星的二叉树

4.9.1　什么是二叉树

菲菲兔觉得这棵树挺神奇，她总结了一下什么是二叉树。以图 4-27 所示的示意图为例。

1）节点：每个树权都称为一个节点。节点是树的基本部分。图中用数字标注的圆形都是节点。

2）根：二叉树包括一个树根，也叫作根节点。图中标 0 的节点即根节点。

3）边：连接两个节点的直线称为边。二叉树的每个节点都有一个输入边和两个输出边。如图中 0-1 和 0-2 是根节点的两个输出边。同时，0-1 也是节点 1 的输入边。

4）路径：从某个节点到另一个节点之间所有经过的边组成这两个节点之间的路径。

5）叶：没有输出边的节点称为叶节点。

6）父节点和子节点：一个节点的父节点是它的输入边所连接的节点。一个节点的子节点是它的输出边所连接的节点。例如图中节点 1 是 3 和 6 的父节点，1、2 是 0 的子节点。

7）兄弟：也称兄弟节点，指同一父节点的两个节点。例如 3 和 6 是兄弟节点，而 6 和 7 就不是。

8）后代：某个节点的所有子节点及子节点的子节点，直至叶节点，统统是这个节点的后代。

9）子树：由任一父节点和该节点的所有后代及边组成的树。例如图中节点 2、7、8、9 组成了以节点 2 为父节点的子树。

10）高度：树的父子关系构成树的层级，一棵树中所有节点构成的最大层级称为树的高度。

11）路径长度：树的路径长度是从树根到每一个叶子节点之间的路径长度之和。

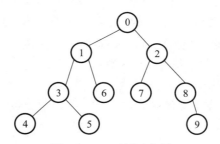

图 4-27　二叉树示意图

大家听得一愣，说："没想到一棵总是只有两个分叉的树，名堂还挺多！"

"哈哈！"菲菲兔笑着说，"你们发现没，它和蓝色星的树比起来只是一个朝上长、一个朝下长的区别。"

4.9.2　二叉树的节点

大熊想把这棵二叉树连根挖回去做装饰。菲菲兔连忙阻止他："不能挖！我还是给你用程序写一个二叉树吧！"

"先定义节点。"菲菲兔有条不紊地说。

"节点可以携带一些信息，比如节点的名字，或者更多的数据。把节点用于二叉树的话，则一个节点最多有两个直接的子节点，左边的叫左子女，右边的就叫右子女。"菲菲兔一边说，一边建立了 binary_tree.py 文件，并创建了一个类，叫作 BinNode，它描述了一个节点所包含的内容，代码如下：

```
class BinNode(object):
    "一个二叉树的节点"
    #构造函数
    def __init__(self,name,left=None,right=None):
        self.name = name
        self.left = left
        self.right = right

    #获取名字
    def get_name(self):
        return self.name

    #以字典形式表达节点
    def get_node(self):
        node_dict = {
            "name":self.name,
            "left":self.left,
            "right":self.right,
        }
        return node_dict
```

注意：当方法的定义中参数初始值赋值为 None 时，表示调用该方法时，这个参数可以省略。所以，类 BinNode 初始化时可以传入最多 3 个参数：

1）name 表示该节点的标识。

2）left 和 right 表示节点的左子女和右子女。

其中 name 不可省略。

运行代码并测试一下：

```
>>> n1=BinNode('一个节点')
>>> n1.name
'一个节点'
>>> n1.get_name()
'一个节点'
>>> n1.get_node()
{'name': '一个节点', 'left': None, 'right': None}
>>> n1
<__main__.BinNode object at 0x0000012756C80B38>
```

对象 n1 是一个 BinNode，初始化时它被命名为"一个节点"。调用属性 name 或者方法 get_name() 都可以得到它的名字。如果调用 get_node() 方法，就会返回整个节点的字符串表示形式。另外，如果只是想知道 n1 是什么，输入"n1"，IDLE Shell 就会告诉你这是一个来自 __main__.BinNode 类的对象（object）以及它的内存地址。

还有一点值得注意，虽然构造方法还可以传入 left 和 right 参数，但实例 n1 在初始化时并没有给 left 和 right 赋值，它们的值仍是 None。

"这说明这个名叫'一个节点'的节点并没有左子女和右子女。没有子节点的就是叶子节点了。"菲菲兔说。

大熊想了想说："确实是这样。"

菲菲兔眨了眨眼睛继续说："二叉树的每个节点还具有一个父节点。当然，根节点除外。"

4.9.3　Python 定义二叉树

树和节点的区别是树有树根。最简单的树只有一个根节点。对于一般的二叉树，它是由一个根节点、若干叶子节点和它们之间的那些普通节点组成的。以某个节点的子节点为根节点的二叉树称为该节点的子树。一个节点最多有两个子树。

在刚刚建立的 binary_tree.py 文件中创建 BinTree 类，代码如下：

```python
# 定义树
class BinTree:
    def __init__(self,rootName):
        self.root = BinNode(rootName)
        self.leftChild = None
        self.rightChild = None

    def insertLeft(self,nodeName):
        if self.leftChild == None:
            self.leftChild = BinTree(nodeName)       # 递归调用
        else:
            print('已存在左子树，不能重复添加。')

    def insertRight(self,nodeName):
        if self.rightChild == None:
            self.rightChild = BinTree(nodeName)       # 递归调用
        else:
            print('已存在右子树，不能重复添加。')
```

构造方法将为 BinTree 的实例自动添加一个根节点，因此初始化一个 BinTree 对象时需要传入其根节点的名字标识 rootName。初始化时的左右子树均无。

通过调用实例方法 insertLeft() 和 insertRight() 分别向根节点添加左子树和右子树。在这两个方法中，递归调用了 BinTree 类的构造方法，这点需要注意。

下面通过实例化类 BinTree 来描述如图 4-28 所示的这棵树。

简单起见，节点的名字都用数字表示，图中一共有 0 ～ 5 六个节点。每个节点都可以定义其根节点和左右子树，代码如下：

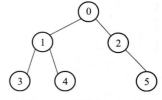

图 4-28　简单的二叉树

```
from binary_tree import BinTree,BinNode

pic_tree="""
              0
          1       2
       3    4          5"""
print(pic_tree)

r=BinTree(0)           # 创建树，只有根节点
r.insertLeft(1)
r.insertRight(2)

r1=r.leftChild         # 简便起见，用 r1 存储左子树
r1.insertLeft(3)
r1.insertRight(4)

r2=r.rightChild        # r2 为右子树
r2.insertRight(5)
print('创建完毕')

print('树: ',r,'; 树根为: ',r.root,'; 树根名字为: ',r.root.name)
print('左子树1: ',r.leftChild,'; 树根为: ',r1.root,'; 树根名字为: ',r1.root.name)
print('右子树2: ',r.rightChild,'; 树根为: ',r2.root,'; 树根名字为: ',r2.root.name)
print('左子树3: ',r1.leftChild,'; 树根为: ',r1.leftChild.root,'; 树根名字为: '
        ,r1.leftChild.root.name)
print('右子树4: ',r1.rightChild,'; 树根为: ',r1.rightChild.root,'; 树根名字为: '
        ,r1.rightChild.root.name)
print('右子树5: ',r2.rightChild,'; 树根为: ',r2.rightChild.root,'; 树根名字为: '
        ,r2.rightChild.root.name)
```

程序先要引入 binary_tree 模块中的两个类 BinTree 和 BinNode。然后显示一下要表达的树的示意图。

接下来创建树 r，传入它根节点的名字 0，并为其添加左子树和右子树，同样需要指明左子树的树根名 1 和右子树的树根名 2。接下来简单起见，将 r 的左子树也就是 r.leftChild 存储到变量 r1 中，然后为 r1 继续添加左子树和右子树。同样，为 r 添加右子树，树根名为 2，然后为它再添加一个右子树，树根名为 5。

运行程序，结果如图 4-29 所示。

图 4-29　节点对象和二叉树对象

这里需要注意几个概念：

1）树和左子树、右子树都是 BinTree 对象，所以结果中显示 BinTree object。

2）树和子树的树根都是 BinNode 节点对象，所以结果中显示 BinNode object。

3）节点的名字为相应的数字。

【练一练】

构造下面的二叉树：

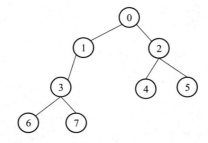

第5章 算 法

5.1 简单而直接：穷举法

"天上的星星那么多，哪一颗才是属于我的幸运星呢？"菲菲兔看着宇宙中无数的星星唱着歌。

5.1.1 什么是穷举

"这个嘛，把每颗星星都看一遍，看看哪颗是属于你的咯？"大熊说道，"可是星星多得数也数不清，恐怕不能穷尽啊！"菲菲兔听了，笑着说："是啊，我要找的那颗星星，在宇宙星典中的编号是 1000 以内所有素数的和。你能算出是哪一颗吗？"

"这个嘛！我先想想怎么判断素数再说吧！"大熊答道。

素数的定义是只有 1 和它自身两个因数的数，所以要回答菲菲兔的问题，可以把所有 1000 以内的整数（除 1 以外，1 不是素数）都拿来检查一遍，看看是不是符合素数的定义。大熊建立了一个文件，叫作 prime_number.py，定义了一个函数，代码如下：

```
def is_prime(n):
    for i in range(2,n):
        if n%i==0:
            return False
    return True
```

这个函数代码很少，但是很有用。函数接受一个参数 n，就要判断 n 是不是素数。函数体中遍历了 2 到（$n-1$）的所有整数，如果有任意一个数能整除 n，就不符合素数的定义，返回 False。如果 for 循环正常结束，说明 2 到（$n-1$）中的数都不能整除 n，符合素数的定义，返回 True。

"真的可以判断素数吗？我来试试看！"菲菲兔运行程序后输入了几行命令来检验 is_prime() 函数，代码如下：

```
>>> is_prime(223)
True
>>> is_prime(237)
False
```

"看起来没错！那快说出我的那颗星星编号是多少吧！"菲菲兔期待地看着大熊。

大熊添加了下面的代码，将 1000 以内所有的数都检验了一遍：

```
sum_prime=0
for number in range(2,1000):
    if is_prime(number):
        sum_prime+=number
        print(number,end=',')
print(' 菲菲兔的星，编号为：',sum_prime)
```

这段代码遍历了 2 到 999 的所有整数，逐个用 is_prime() 函数检验了是不是素数，并且将检验通过的素数都累加到 sum_prime 变量上。运行程序，结果如图 5-1 所示。

2, 3, 5, 7, 11, 13, 17, 19, 23, 29, 31, 37, 41, 43, 47, 53, 59, 61, 67, 71, 73, 79, 83, 89, 97, 101, 103, 107, 109, 113, 127, 131, 137, 139, 149, 151, 157, 163, 167, 173, 179, 181, 191, 193, 197, 199, 211, 223, 227, 229, 233, 239, 241, 251, 257, 263, 269, 271, 277, 281, 283, 293, 307, 311, 313, 317, 331, 337, 347, 349, 353, 359, 367, 373, 379, 383, 389, 397, 401, 409, 419, 421, 431, 433, 439, 443, 449, 457, 461, 463, 467, 479, 487, 491, 499, 503, 509, 521, 523, 541, 547, 557, 563, 569, 571, 577, 587, 593, 599, 601, 607, 613, 617, 619, 631, 641, 643, 647, 653, 659, 661, 673, 677, 683, 691, 701, 709, 719, 727, 733, 739, 743, 751, 757, 761, 769, 773, 787, 797, 809, 811, 821, 823, 827, 829, 839, 853, 857, 859, 863, 877, 881, 883, 887, 907, 911, 919, 929, 937, 941, 947, 953, 967, 971, 977, 983, 991, 997, 菲菲兔的星，编号为： 76127

图 5-1　1000 以内的素数及其和

"哇！就是 76 127！你真厉害！"菲菲兔表扬大熊。

大熊不好意思地说："其实也没什么，我这用的办法叫作穷举法，也叫作枚举法。就是在一个集合中，对其中的每一个元素挨个判断是否满足条件。如果满足条件，该元素即为问题的一个解，否则就不是问题的解。"

穷举法往往是最容易想到的一种利用计算机求解的算法，但穷举法的使用有两个必须满足的条件：

1）可以预测需要穷举的元素个数，且计算规模不是特别大。比如 is_prime 函数在判断一个数 n 是否素数时，需要穷举的元素个数就在 2 和数（$n-1$）之间。

2）解的可能值必须处于一个连续的值域。比如在计算菲菲兔的幸运星编号时，可能的取值在 2 和 1000 范围之间。

"哦……"虽然菲菲兔不太明白是什么意思，但是没关系，因为她有一个很久都没有找到答案的问题，似乎可以用穷举法尝试一下了。

5.1.2　九宫填数

菲菲兔有一个很久都没有想出答案的问题，在听了大熊的话后，她决定用穷举法试一试。她的这个问题是："有 1～9 九个数，要填入如图 5-2 所示的 9 个格子里。每一行的三个数字组成一个三位数。如果要使第二行的三位数是第一行三位数的 2 倍，第三行三位数是第一行三位数的 3 倍，应该怎样填数？"

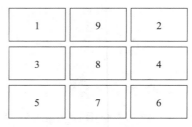

图 5-2　九宫格填数

有 9 个格子，第 1 个格子最多有 9 种可能的填法。填完后，第 2 个格子还有 8 个数可以选，所以有 8 种可能的填法。第 3 个格子有 7 种可能的填法……最后一格只剩 1 个数可选。所以一共有 362 880（$9 \times 8 \times 7 \times 6 \times 5 \times 4 \times 3 \times 2 \times 1$）种可能的填法。从这些填法中筛选出满足题目要求的填法，就是问题的解。

"可是怎么做到每个格子里填的数都不一样呢？"大熊有一个疑问。

菲菲兔想了一会儿说："其实这 9 个格子可以摊开成一行来看，它就是个各个数位都不相同的 9 位数，你说对不对？"（如图 5-3 所示。）

图 5-3　九个不同数字排成一行

"哦！对呀！"大熊恍然大悟，"$1 \sim 9$ 这 9 个数字能组成多少个这样的 9 位数，等于就有多少种填法。"

"对呀对呀！再从这些填法中筛选出符合条件的填法就 OK 了。"菲菲兔高兴得大声说。说完她就建立了一个文件，叫作 nine_puzzle.py，并引入了 itertools 模块，代码如下：

```
import itertools

for i in itertools.permutations('123456789',9):
    n1=int(i[0])*100+int(i[1])*10+int(i[2])
    n2=int(i[3])*100+int(i[4])*10+int(i[5])
    n3=int(i[6])*100+int(i[7])*10+int(i[8])
    if n2==2*n1 and n3==3*n1:
        print('%d\n%d\n%d\n'%(n1,n2,n3))
```

引入 itertools 的目的是使用它的 permutations() 函数。该函数之前讲过，用于从一个序列中找出所有指定元素个数的排列数。

大熊连忙回头看了看以往讲解的这个排列函数，它会得到一个包含所有不重复排列的对象。

向 permutations() 函数传入序列 "123456789" 和排列元素的个数 9，函数执行后返回所有无重复的排列数。每一个元素，也就是变量 *i* 是一个元组形式的排列。比如：

```
('9', '8', '7', '6', '5', '4', '3', '2', '1')
```

　　接下来就要从中分离出九宫格第一行、第二行和第三行的数。代码中 n1、n2、n3 分别代表九宫格第一行、第二行和第三行的三位数。比如第一行是 981，就要使用代码：

```
int(i[0])*100+int(i[1])*10+int(i[2])
```

将前三个字符分别转换成整型，再将百位乘以 100，十位乘以 10，再和个位相加，最后得到一个三位数。

　　按照题意，n1、n2、n3 需要满足一定条件，从中筛选出符合条件的结果即可。整个程序流程如图 5-4 所示。

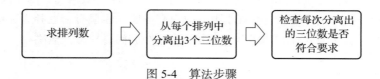

图 5-4　算法步骤

运行程序，结果如图 5-5 所示。

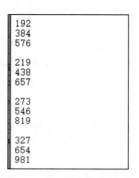

图 5-5　九宫填数的结果

　　需要指出的是，itertools.permutations() 返回一个可迭代的对象。这个对象一共有 9！（362 880）个元素。我们把它转换成 list 来看看它的元素个数：

```
>>> itertools.permutations('123456789',9)
<itertools.permutations object at 0x0000011E4737AF10>
>>> count=list(itertools.permutations('123456789',9))
>>> len(count)
362880
```

程序遍历了这 362880 种方案，然后从中挑出了 4 个符合条件的方案，计算机还是需要花一点点时间的。

"362880 种方案中居然只有 4 个符合条件！"菲菲兔感叹道，"真是十万里挑一呀！"

【练一练】

星际运输机装载了三种外星生物：飞天狗、火炎蛇和双头龙。通过窗口观察可以发现一共有 240 条腿和 170 个头。已知飞天狗有 6 条腿和 1 个头，火炎蛇有 9 个头而没有腿，双头龙有 2 条腿和 2 个头。猜猜看，三种外星生物各有多少只？

5.2   从前有座山，山上有座庙：递归

瑞氪伦星上的小朋友们临时需要一些照顾，派森号派了洛克威尔前去给小朋友们讲故事。洛克威尔想起来一个古老的故事："从前有座山，山上有座庙，庙里有个老和尚在给小和尚讲故事。他说：从前有座山，山上有座庙，庙里有个老和尚在给小和尚讲故事。他说：……"

5.2.1   什么是递归

听了洛克威尔的故事，瑞氪伦星的小朋友们不一会儿都进入了甜蜜的梦乡。西西船长称赞洛克威尔的故事讲得好："你这个故事里包含故事，包含的故事里还包含故事……每个被包含的故事都是故事本身。确实是个巧妙的故事！"

洛克威尔笑着说："这就叫作递归！"

递归可以说是最具有计算思维的算法了，就是函数在函数体代码中直接调用函数自己或通过一系列调用语句间接调用自己，是一种描述问题和解决问题的基本方法。例如，如果把洛克威尔的故事写成函数可能是这样的：

```python
def story(n):
    txt = "从前有座山，山上有座庙，庙里有个老和尚在给小和尚讲故事。"
    if n>0:
        txt = txt + "他说："+ story(n-1)
    return txt
```

函数 story() 中的语句：

```python
txt = txt + "他说："+ story(n-1)
```

调用了函数 story(n−1)。函数的参数 n 表示讲故事的次数。将代码保存为文件 recursion_example.py，然后运行代码，输入以下调用语句，结果如下：

```python
>>> story(1)
'从前有座山，山上有座庙，庙里有个老和尚在给小和尚讲故事。他说：从前有座山，山上有座庙，
```

```
        庙里有个老和尚在给小和尚讲故事。'
>>> story(3)
'从前有座山，山上有座庙，庙里有个老和尚在给小和尚讲故事。他说：从前有座山，山上有座庙，
        庙里有个老和尚在给小和尚讲故事。他说：从前有座山，山上有座庙，庙里有个老和尚在给小和尚讲故事。
        他说：从前有座山，山上有座庙，庙里有个老和尚在给小和尚讲故事。'
```

"为什么要使用参数 n 呢？"西西船长问。

"因为递归调用需要有一个结束的理由。"洛克威尔回答道，"每调用一次函数 story()，传入的 n 就会递减 1，这样函数才有可能结束。"

适合用递归来解决的问题常常具有结构相似的特征，即构成原问题的子问题与原问题在结构上相似，可以用类似的方法解决。整个问题的解决，可以分为两个部分：一部分是有直接的解法的部分；另一部分与原问题结构相似，但比原问题的规模小，并且依赖前一部分的结果。

递归的思路就是把一个不好解决的大问题转化成一个或几个小问题，再把这些小问题进一步分解成更小的小问题，直至每个小问题都可以直接解决。要注意识别一个问题适不适合使用递归，可以看两个基本要素。

1）边界条件：确定递归何时终止，也称作递归出口。

2）递归模式：大问题如何分解为更小的问题，也称为递归体。

"听了你说的递归，我是不是又可以开始考虑如何寻找宇宙的边界啦？"西西船长说道，"要不先从寻找太阳系的边界开始？"

5.2.2　求阶乘

"如果在一个 15×15 的棋盘的格子里填数，要求每个数都不同，一共有多少种填法呢？"刚解决九宫填数的菲菲兔在考虑更复杂的情况了。洛克威尔告诉她："别想了，一共有 15×15 的阶乘这么多！"

"哦！天啊！ 15×15 的阶乘这是多大一个数啊！"菲菲兔惊叫。

递归的一个基本实例就是求阶乘。整数 n 的阶乘用 $n!$ 来表示。$n! = 1 \times 2 \times 3 \times 4 \times \cdots \times n$，如果直接算 15×15 的阶乘，即 $225! = 225 \times 224 \times 223 \times \cdots \times 2 \times 1$，估计得算崩溃。

"用递归的思想来考虑，就简单得多！"洛克威尔说。

因为 $n! = n \times (n-1) \times (n-2) \times \cdots \times 1$ 实际上就是 $n \times (n-1)!$。这就将问题规模变小了一点。假设求 n 的阶乘的函数用 fact(n) 表示，fact(n) 可以表示为 $n \times$ fact($n-1$)，而 fact($n-1$) 又可以表示为 $(n-1) \times$ fact($n-1-1$)……最后只有 $n=1$ 时需要特殊处理，这就是递归出口。

建立 Python 文件 recursion_fact.py，代码如下：

```
def fact(n):
    if n==1:
        return 1
    return n * fact(n - 1)
```

运行程序，调用结果如下：

```
>>> fact(15*15)
12593608545945996091036028947807033464712366100830310947884859323613908580199395683
      6248753106948747650075970174219253534454085406885366905229505529909846476618171
      1623022046616247678279580517430174943483994899782468970426544755108126695194959
      0878383293126498296464214660832087321037416440702200367532747532697921737634167
      8305184952924264841312344768880440433971238502679256760320000000000000000000000
      00000000000000000000000000000
```

看到结果，两个人都说不出话来了。

【练一练】

斐波那契买了一对小仓鼠，一个月就能长大，据说一对大仓鼠每个月能生出一对小仓鼠。如果所有仓鼠都不死，那么一年以后总共会有多少对仓鼠？

5.3 估算面积：蒙特卡罗算法

宇宙充满随机性，有时是坏事，有时是好事。

5.3.1 积分问题

派森号在瑞德姆星开垦土地。西西船长获得了一块土地的使用权，这块土地的形状不太规则，如图 5-6 所示。

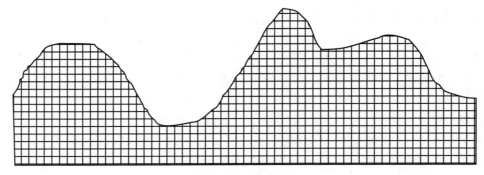

图 5-6 一块土地

在西西船长想好这块土地可以用来干什么之前，她很想知道这块土地的面积有多大。于是她在派森号召开会议，讨论这个问题。

聪明的洛克威尔说："这块地有一条边是不规则的。把它画在二维坐标里，假设它是一个区间 $[a, b]$ 之间的函数 $f(x)$。那么，土地的面积就可以用 $f(x) \times (b-a)$ 来粗略估计。"

按照洛克威尔的分析，我们把这条曲线画到一个二维坐标系里，如图 5-7 所示。从曲线上任意取一点 $x1$，可以用 $f(x1) \times (b-a)$ 得到的长方形（图中灰色部分）面积，然后粗略估计这块不规则土地的面积。

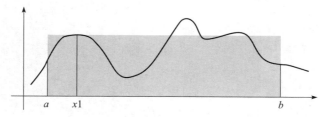

图 5-7　用 $f(x1) \times (b-a)$ 粗略估计土地面积

"这有多粗略啊！""差得也太远了吧！""这也太不准确了吧！"大伙儿一听洛克威尔的办法，立即提出了反对意见。

"确实很粗略，如果只用一个 $x1$ 来做近似的话！"洛克威尔笑着说，"但是，如果用更多的点来计算 $f(x)$，并把最终的计算结果都加起来再平均呢？"说完，他又画了多个图形，如图 5-8 所示。

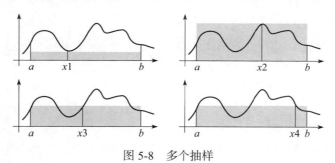

图 5-8　多个抽样

图 5-8 中做了 4 次随机抽样，得到 4 个随机样本 $x1$、$x2$、$x3$、$x4$，则可以用以下算式来近似估算土地面积 s：

$$s = \frac{f(x1) \times (b-a) + f(x2) \times (b-a) + f(x3) \times (b-a) + f(x4) \times (b-a)}{4}$$

$$= \frac{1}{4}(b-a)\sum_{i=1}^{4} f(xi)$$

"如果你们觉得抽样 4 次还是太过粗略，可以抽取更多的 xi，越多越好。样本越多，最后的估算值就越接近真实值。"洛克威尔进一步说道，"这就是数学上的积分问题。"

5.3.2　随机算法

按照洛克威尔的意思，如果在 $[a, b]$ 区间上随机取 n 个样本 xi，计算所有的 $f(xi)$，并取平均值，然后乘以 $(b-a)$ 就得到对应面积的估计值。样本数 n 取得越大，估计得就越准确。

为了解决求土地面积的问题，洛克威尔建立了一个文件，叫作 eara.py，并定义了一个 estimate 函数，代码如下：

```python
def estimate(n,a,b):
    'n 为样本数 ,a,b 为积分区间 '
    import random,math
    sum_s = 0                                    # 函数和
    count = 0                                    # 有效抽样次数
    for i in range(n):                           # n 个抽样
        x = random.uniform(a, b)                 # 自变量
        y = 500*math.sin(x)+200*math.cos(x)      # 假设函数
        # 筛选出 y>0 的部分
        if y>=0:
            count +=1
            sum_s += y
    s = sum_s/count*(b-a)
    print(s)
```

假设这块土地的边界函数为 $f(x)=500\text{math.sin}(x)+200\text{math.cos}(x)$，$a=1$，$b=1000$，抽样 100 000 次，则可求出估计的面积。调用函数结果如下所示：

```python
>>> estimate(100000,1,1000)
341474.01331130083
```

"哇！有这么大面积呢！"洛克威尔说。

5.3.3　蒙特卡罗定积分

"你这个程序只能计算我们眼前这块土地的面积。能不能计算其他形状的面积呢？"西西船长问。

"您的意思是需要一个求任意函数定积分的通用程序吧！"洛克威尔说道，"那需要将积分函数以参数形式传递到这个求定积分的函数中去。"

那么问题来了，怎么将一个函数作为另一个函数的参数传递到函数内部去呢？洛克威尔写了一个新的程序 integral.py，并定义了一个 integral() 函数来解决这个问题。求定积分代码如下：

```python
def integral(func,n,a,b):
    'func 为积分函数 ,n 为样本数 ,a,b 为积分区间 '
    import random
    sum_s = 0                          # 函数和
    for i in range(n):                 # n 个抽样
        x = random.uniform(a, b)       # 自变量
        y = func(x)
        sum_s += y
    s = sum_s/n*(b-a)
    print(s)
```

函数 integral() 的作用就是求如下所示定积分的一种近似算法:

$$\int_a^b func(x)\,dx$$

如果你不知道什么是定积分,也可以理解为求一块不规则区域的面积。函数 integral 的第一个参数 func 也是一个函数,它是所求面积的边界函数,参数 n、a、b 分别是抽样次数、取值的下限和上限。

"用一个简单的函数来验证一下吧!"洛克威尔说,"比如 $f(x)=x$,够简单吧!"

测试代码如下:

```
# 自定义的积分函数
def f1(x):
    import math
    y=x
    return y

# 调用
integral(f1,100000,0,1)
```

运行后结果如下:

```
0.5012257974902703
```

这个结果对不对呢?我们来检查一下。函数 $f(x)=x$ 的图形很简单,如图 5-9 所示。求它在 [0, 1] 区间的定积分,就是求图中阴影部分的面积。很明显,它是一个三角形,面积为 $\frac{1}{2}$。

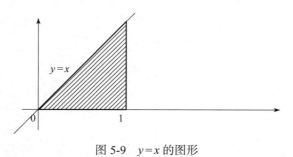

图 5-9 $y=x$ 的图形

"怎么样?程序运行结果很接近实际值吧?我们还可以再试试其他函数。"洛克威尔自豪地说。

【练一练】

洛克威尔的好朋友蒙特卡罗拿来一块圆形蛋糕与大家分享。他把蛋糕分成四等分,把其中一份装在一个边长为 1 的正方形盒子里,如下图所示。如果随机地向这个正方形盒子里投点,落在四分之一圆内点的数量与总点数的比约等于四分之一圆面积与单位正方形面积的比。由此可以计

算出圆周率 π 的近似值，点数越多，结果越精确。请编程解决。

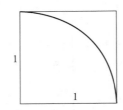

5.4 船长的礼物：欧几里得算法

5.4.1 西西船长的礼物

西西船长的派森号从蓝色星球给大家带来了 1 831 582 368 个苹果、7 572 236 364 个橘子和 5 800 840 353 个草莓。她想把这些水果分成若干件同样的礼物，来送给大家。

"每份礼物中应该各有多少个苹果、橘子和草莓呢？"西西船长有点犯愁。

西西船长的问题可以这样考虑：首先，找出三种水果数量的最大公因数，假设为 x；然后用每种水果的数量除以 x，就可以得到每份礼物中每种水果的数量了。举个简单的例子：假设苹果、橘子和草莓各有 8、20 和 28 个。它们的最大公因数比较容易得到，为 4。然后求出 8÷4＝2，20÷4＝5，28÷4＝7，就表示每份礼物的组成为苹果 2 个、橘子 5 个、草莓 7 个。一共可以组成 4 份这样的礼物。

但是西西船长带来的礼物这么多，如何求最大公因数成为一件麻烦事。

"有个古老的求最大公因数的算法，叫作欧几里得算法。"克里克里说，"我来写个程序，保证完成任务！"说完，他建立了一个文件，名为 gcd.py，代码如下：

```
def gcd(a, b):
    #dividend 是被除数，divisor 是除数
    divisor = a if a < b else b          #a,b 中较小的那个值
    dividend = a if a > b else b         #a,b 中较大的那个值
    # 辗转相除
    while divisor != 0:                  # 循环直到除尽
        dividend, divisor = divisor, dividend % divisor
    return dividend
```

代码中定义了一个名为 gcd 的函数，接受两个参数 a 和 b。首先求出 a、b 中较大和较小的那个。这里使用了 if 语句的单行写法：

```
divisor = a if a < b else b
```

可以把赋值号右边看成一个三元运算符 if...else 的表达式。它表示判断 a<b 是否为 True，如果是 True，取值 a，否则取值 b。然后把取值赋值给变量 divisor。同样地，代码：

```
dividend = a if a > b else b
```

把 a、b 中较大那个赋值给变量 dividend。

接下来就是欧几里得算法了，也叫作辗转相除法。代码：

```
dividend, divisor = divisor, dividend % divisor
```

是一个多重赋值，它的原理可以用图 5-10 举例描述。

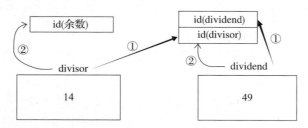

②操作后的结果：dividend＝14，divisor＝49%14

图 5-10　举例解释辗转相除

假设初始时，变量 divisor 和 dividend 分别取值 14 和 49，它们的地址指向分别为图 5-10 中①标注所示。当执行多重赋值时，Python 语言为变量的地址赋值。变量 dividend 指向了变量 divisor 的地址，所以 dividend 的取值变化为 14。而变量 divisor 的地址指向了一个新的位置，即余数 dividend % divisor 的地址。

是不是这样呢？我们来验证一下：

```
>>> divisor=14
>>> dividend=49
>>> id(divisor)
140705729861056
>>> id(dividend)
140705729862176
>>> id(dividend%divisor)
140705729860832
>>> dividend, divisor = divisor, dividend % divisor
>>> id(dividend)
140705729861056
>>> id(divisor)
140705729860832
>>> dividend
14
>>> divisor
7
```

仔细看，执行了"dividend, divisor＝divisor, dividend % divisor"以后，id(dividend) 与执行前

id(divisor) 一致，id(divisor) 和执行前 id(dividend % divisor) 一致。

精髓来了，把这种多重赋值一直进行下去，总有一天 dividend 除以 divisor 的余数为零。这时，返回被除数 dividend，就是需要求的最大公因数。

"太好了！赶紧帮我算一下苹果和橘子的最大公因数！"西西船长说。

运行程序，调用 gcd(1831582368, 7572236364) 函数，结果如下：

```
>>> gcd(1831582368, 7572236364)
8479548
```

"嗯！可是还有草莓……"西西船长说。

"只需要把已经求出的两个数的最大公因数拿来再和第三个数求一次最大公因数就行了。"克里克里说。

```
>>> gcd(5800840353,gcd(1831582368, 7572236364))
92169
```

结果 92169 就是三种水果数量的最大公因数。接下来就比较简单了：

```
>>> a,b,c=1831582368/92169,7572236364/92169,5800840353/92169
>>> a
19872.0
>>> b
82156.0
>>> c
62937.0
```

"给我准备 92169 份礼物！每份礼物里装 19 872 个苹果，82 156 个橘子，和 62 937 个草莓！"西西船长高兴地说。

5.4.2 欧几里得算法的递归实现

刚才用 while 循环和多重赋值实现了欧几里得算法。从这个算法的原理来看，每一轮循环中都把被除数变为前一轮中的除数，把除数变为前一轮的余数。问题的结构一样，只是余数越来越小，也就是问题规模变得越来越小。

"这个问题很符合递归的思想啊！"大熊有所感悟。他自己重新建立了一个 gcd 函数，保存在 gcd2.py 中。代码如下：

```
def gcd(a, b):
    #dividend 是被除数, divisor 是除数
    divisor = a if a < b else b    #a,b 中较小的那个值
    dividend = a if a > b else b   #a,b 中较大的那个值
    # 辗转相除
    if 0 == divisor:
        return dividend
```

```
        else:
            return gcd(divisor, dividend % divisor)
```

大熊写得对不对呢？看一下。如果 divisor==0，返回的最大公因数为 dividend，否则返回的最大公因数为 gcd(divisor, dividend % divisor)。这里运用了递归算法——在 gcd() 函数中又调用了 gcd() 自己，注意传入的两个参数为 divisor 和 dividend % divisor，将问题规模逐渐减小。

运行程序，验证一下：

```
>>> gcd(50,250)
50
>>> gcd(14,49)
7
```

"没错！"克里克里说。

【练一练】

创建函数，实现输入两个整数后输出两个整数的最小公倍数功能。

5.5 大赛排行榜：冒泡排序

赛普特恩星球刚刚举行了机器人比武大赛。星球官方想要对外公布一个成绩排行榜，包括"速度榜""力量榜""灵活榜"等。他们邀请西西船长给他们制作这些排行榜。

5.5.1 大熊的想法

大熊心想："简单！只要把所有机器人运动员的成绩记录下来，然后按照从大到小的顺序排列一下就可以了！"于是，他自告奋勇地要求完成这个任务。

西西船长于是交给大熊一个 10 000 人的成绩单，这些成绩全部随机地保存在一个列表中。大熊从列表中挑出两个成绩 a[0]=85 和 a[1]=86，比较了一下，显然 a[0]<a[1]，于是他把两个成绩交换了位置，大的排到前面，变成了 a[0]=86，a[1]=85。接着，他再拿 a[1] 和 a[2]=70 比，发现 a[1]>a[2]，于是不交换，这时 a[2]=70 为最小值。继续拿 a[2] 和它后面的 a[3] 进行比较，发现 a[2]<a[3]，又交换它们的值，交换后 a[3] 等于 70……按理说，照这个方法一直进行下去就可以完成排行榜，但是 10 000 个人也太多了。大熊决定编写一个程序来解决。

大熊的排序方法叫作"冒泡排序"，总结一下，如图 5-11 所示。

"冒泡排序"的核心步骤就是比较列表中前后两个元素值的大小，如果前面的元素值小于后面的元素值，就交换两个元素值。第一轮遍历第 1 个元素（下标为 0）到倒数第 2 个元素（下标为 $n-2$），前后两个元素值两两比较后，最小的值就会交换到最后一个元素的位置。第 2 轮遍历第 1 个到倒数第 3 个元素，同样进行两两比较，第二小的值就交换到倒数第二的位置……这样的遍历一共进行（$n-1$）次后，列表中的值就按从大到小排列了。

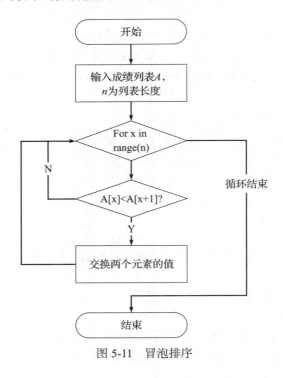

图 5-11　冒泡排序

建立一个文件 bubble_sort.py，创建函数 bubble_sort()，代码如下：

```python
# 冒泡排序
def bubble_sort(A):
    for x in range(len(A)-1):
        for y in range(len(A)-1-x):
            if(A[y] < A[y + 1]):
                A[y],A[y+1]=A[y+1],A[y]        # 交换前后两个数
    return A
```

运行程序试验一下：

```python
>>> bubble_sort([1,4,7,3,8,2,9,11,0])
[11, 9, 8, 7, 4, 3, 2, 1, 0]
```

"看起来还不错！"大熊说道。

5.5.2　力量排行榜

万人成绩大比拼，力量最大的选手得分最高，力量最小的选手得分最低。选手的成绩差异也

是微乎其微。假设满分 100 分的话，60 分以下的大概会占 15%，90 分以上的也占 15%，其余的分数占 70%。我们用随机函数来模拟这些成绩。

建立一个 sort_example.py 文件，创建函数来模拟生成选手成绩，代码如下：

```
import bubble_sort,random,time
# 分数生成函数
def arr_maker(a,b,n):
    arr=[]
    for i in range(n):
        arr.append(random.uniform(a,b))
    return arr
```

函数需要引入 random 模块。接下来调用这个函数，以生成 10 000 人的成绩列表：

```
# 速度成绩（假设）
list1=arr_maker(0.0,60.0,1500)          # 60 分以下的 1500 人
list2=arr_maker(90.0,100.0,1500)        # 90 分以上的 1500 人
list3=arr_maker(60.0,90.0,7000)         # 60 ~ 90 分的 7000 人
power_score=list1+list2+list3
```

简单起见，显示排序前的前 10 位和后 10 位选手的成绩。

```
print("成绩单前 10 位（排序前）: ")
for i in range(10):
    print('%d  %.5f'%(i+1,power_score[i]))
print("成绩单末 10 位（排序前）: ")
for i in range(9990,10000):
    print('%d  %.5f'%(i+1,power_score[i]))
```

然后开始排序，需要引入 bubble_sort 模块和 time 模块。引入 time 模块是为了计算排序的时间。代码如下：

```
print("\n 开始排序 \n")
start=time.time()                       # 排序开始的时刻
bubble_sort.bubble_sort(power_score)
t=time.time()-start                     # 排序耗时

print("成绩单前 10 位（排序后）: ")
for i in range(10):
    print('%d   %.5f'%(i+1,power_score[i]))
print("成绩单末 10 位（排序后）: ")
for i in range(9990,10000):
    print('%d   %.5f'%(i+1,power_score[i]))

print('\n 本次排序耗时 %.3f 秒。'%t)
```

运行程序，结果如图 5-12 所示。

```
成绩单前10位(排序前):
1)    55.38312
2)    34.00288
3)    47.04348
4)    19.97769
5)    29.58298
6)    57.66563
7)    44.70332
8)    38.96821
9)    41.58299
10)    7.53864
成绩单末10位(排序前):
9991)   81.00011
9992)   65.66011
9993)   62.21486
9994)   71.36317
9995)   65.74008
9996)   63.93385
9997)   69.55089
9998)   71.19738
9999)   88.84673
10000)  78.16256
```

```
开始排序
成绩单前10位(排序后):
1)    99.98261
2)    99.97809
3)    99.96658
4)    99.96353
5)    99.95636
6)    99.95126
7)    99.94907
8)    99.94174
9)    99.92730
10)   99.91945
成绩单末10位(排序后):
9991)  0.43779
9992)  0.43079
9993)  0.32712
9994)  0.27175
9995)  0.23829
9996)  0.22640
9997)  0.21500
9998)  0.20287
9999)  0.17379
10000)  0.06202
本次排序耗时9.811秒。
>>>
```

图 5-12 排序前后对比

大熊感叹道："排行榜的成绩还真是精确啊！不过耗时也不少呢！"

【练一练】

赛普特恩星球的万人赛的另一项排行榜"灵活榜"是以选手完成一套规定动作所花费的时间来排序的。花费时间最少的排在"灵活榜"最前，花费时间最多的排在最后。请用随机函数模拟 10 000 个选手花费的时间，并用"冒泡排序"按从小到大的顺序排序。

5.6　小的向左，大的向右：快速排序

"上尽召见，与语，汉廷臣毋能出其右者。"菲菲兔最近迷上了古文，正在摇头晃脑地研读。西西船长听见了，不解地问："菲菲兔，你读的'毋能出其右'这句是什么意思呀？"

5.6.1　什么是快速排序

"中国古时候'以左为尊，以右为大'。无出其右就是说没有能超过他的了。"菲菲兔解释说。

"听你这么说，我突然想起来一个排序的方法，可能会比冒泡排序更快。"西西船长听了菲菲兔的话深有启发。西西船长的办法如下。

第一步：假定第一个数是中间数。所谓中间数，就是在序列中，这个数左边的数都比它小，右边的数都比它大。

第二步：依次拿中位数和其他每个数进行比较，小于或等于中位数的数，就放在中位数的左边。全部比完以后，所有左边的数会组成一个数列，假设叫作 left，其中所有数都比中位数小。

第三步：再次拿中位数和其他每个数进行比较，大于中位数的数，就放在中位数的右边。全部比较完以后，所有右边的数会组成一个数列，假设叫作 right，其中所有数都比中位数大。

第四步：把 left 和 right 拿来做递归排序。说到这里可能大家有点想不明白了。可以用一个实例来参考一下。

假设原始数列为列表 [6, 9, 4, 2, 0, 7, 8, 5, 4, 11]，假设第一个数 6 为中间数，接下来的排序过程用表 5-1 表示。

表 5-1　快速排序示例

递归次数	6	9	4	2	0	7	8	5	4	11
1	4	2	0	5	4		9	7	8	11
2	2	0	4	4	5	6	7	8	9	11
3	0	2		4	5		7	8		11

第 1 次递归时 6 为中间数，排序后 6 的左列表为 [4, 2, 0, 5, 4]，右列表为 [9, 7, 8, 11]。第 2 次递归时左列表中以 4 为中间数排序，右列表以 9 为中间数排序。各得到更小的左、右列表。以此类推，到最后，用于排序的左、右列表中都只有一个数，那就无所谓比较大小了，直接输出即可。最后排序的结果是 [0, 2, 4, 4, 5, 6, 7, 8, 9, 11]。

"我这个排序的算法就叫作快速排序，肯定比大熊的冒泡排序快！"西西船长说。

5.6.2　快速排序的 Python 实现

西西船长说她的排序方法会比大熊用的冒泡排序更快，菲菲兔想一探究竟。她很快创建了一个 quick_sort.py 文件，并输入了如下代码：

```python
# 快速排序
def quick_sort(arr):
    if len(arr) < 2:          # 列表只有一个值，就直接返回
        return arr
    else:
        pivot = arr[0]        # 把第一个值作为中间数
        left=[]
        right=[]
        for i in arr[1:]:
            if i <= pivot:    # 当 i<= 中间数时，添加至左列表
                left.append(i)
            else:             # 当 i> 中间数时，添加至右列表
                right.append(i)

        return quick_sort(left) + [pivot] + quick_sort(right)  # 递归排序
```

函数 quick_sort(arr) 用于将参数 arr 进行排序。所以 arr 必须是一个序列类型。如果 arr 只有一

个值，就不需要排序，直接返回，否则就进行快速排序。要注意的是最后一行的递归操作，它对不断产生的左列表 left 和右列表 right 进行了递归的快速排序，并把 left、pivot 和 right 组成一个列表返回。

运行程序，用一个小的列表试一试，结果如图 5-13 所示。

```
>>> quick_sort([6,9,4,2,0,7,8,5,4,11])
[0, 2, 4, 4, 5, 6, 7, 8, 9, 11]
>>>
```

图 5-13　快速排序示例

"没错！"两人同时说。

5.6.3　列表递推式

西西船长注意到菲菲兔的快速排序程序中有一个 for 循环，循环中为两个列表 left 和 right 添加了元素。她告诉菲菲兔，有一种很优雅的方式来创建列表，并同时添加元素。

"哦？很优雅吗？快告诉我！"菲菲兔很高兴。

"这种方法叫作 List comprehension，就叫它'列表递推式'吧！"

建立 list_comprehension.py 文件，将 quick_sort() 函数的代码修改一下，用列表递推式替换 for 循环部分。修改后代码如下：

```
# 快速排序
def quick_sort(arr):
    if len(arr) < 2:                                    # 列表只有一个值，就直接返回
        return arr
    else:
        pivot = arr[0]                                  # 把第一个值作为中间数

        # 列表递推式
        left = [i for i in arr[1:] if i < pivot]        # 比这个值小的组成左列表
        right = [j for j in arr[1:] if j >= pivot]      # 比这个值大的组成右列表

        return quick_sort(left) + [pivot] + quick_sort(right)# 递归排序
```

left 变量被赋值为一个列表，因为赋值号右边由列表的标志方括号（[]）括起来了。"为什么说这种赋值方式是递推式呢？"菲菲兔不解地问。

"因为列表 left 的值来源于右边的表达式，右边表达式中每一个元素的值 i 又来源于它右边的表达式。"西西船长觉得一句话也说不清楚，还是举个例子看一看：

```
left=[i for i in arr[1:] if i < pivot]
```

这段代码表示循环给 i 赋值，但必须满足条件 i<pivot，而且每个 i 都作为列表 left 的一个元

素保存。与下面代码等价：

```
for i in arr[1:]:
        if i < pivot:
            left.append(i)
```

列表递推式是 Python 列表数据结构专门提供的一种构造列表的方式，是列表类型的一种构造方法。列表递推式只需要一行代码就可以创建和初始化一个列表，相比使用循环赋值的方式要简洁得多。

列表递推式的格式有几种，总结如下。

1）根据表达式 expr，从 collection 中获取值来构造列表：

```
[expr(val) for val in collection]
```

2）根据表达式 expr 来构造列表，但须满足条件 <test>：

```
[expr(val) for val in collection if <test>]
```

3）根据表达式 expr 来构造列表，从 collection1 和 collection2 中获取值：

```
[expr(val1,val2) for val1 in collection1 for val2 in collection2]
```

其中，expr(val) 表示由 val 参与的表达式，val 表示 for 循环变量，collection 表示序列，<test> 表示条件表达式。

"我来试一试！"菲菲兔急忙按照西西船长的讲解写了以下 3 个函数：

```
def list_comp1(collection):
    '生成平方'
    return [val**2 for val in collection]

def list_comp2(collection):
    '返回序列中的偶数'
    return [val for val in collection if val%2==0]

def list_comp3(collection1,collection2):
    '返回元组'
    return [(x,y) for x in collection1 for y in collection2]
```

运行程序，输入以下代码测试一下：

```
>>> list1=[1,2,3,4,5]
>>> list2=[6,7,8,9,10]
>>> list_comp1(list1)
[1, 4, 9, 16, 25]
>>> list_comp2(list1)
[2, 4]
>>> list_comp3(list1,list2)
```

```
[(1, 6), (1, 7), (1, 8), (1, 9), (1, 10), (2, 6), (2, 7), (2, 8), (2, 9), (2, 10),
   (3, 6), (3, 7), (3, 8), (3, 9), (3, 10), (4, 6), (4, 7), (4, 8), (4, 9), (4, 10),
   (5, 6), (5, 7), (5, 8), (5, 9), (5, 10)]
```

可以看出，每个函数都通过列表递推式返回了一个新的列表。

"哇！自己动手运行一下，果然很神奇耶！"菲菲兔大喊。

"关键是比用 for 循环显得高级多啦！哈哈哈！"西西船长狡黠地笑道。

【练一练】

（1）比较一下使用冒泡排序和快速排序完成 10 000 个随机数排序的耗时。谁更快？

（2）如果正整数三元组（x, y, z）满足 $x^2+y^2=z^2$，它就被称为毕达哥拉斯三元组。请使用列表推导式生成元素不大于 100 的毕达哥拉斯三元组。

5.7　船长的寻宝图：广度优先算法

在上一次的寻宝中，派森号使用了图。可是现在并不知道宝藏在哪一个星球上，所以派森号需要搜索图中的每一个星球。为了避免重复搜索，每个星球只能去一次。

5.7.1　图的生成树

西西船长重新绘制了一张寻宝图，如图 5-14 所示。

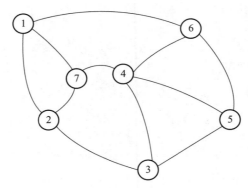

图 5-14　简单的图

这张图中的每个节点（也称为顶点）都用一个数字表示，节点之间的边没有方向，有边直接相连的节点称为相邻节点。可以看出图中有许多回路，如 1-2-7-1、4-6-5-4 等，一不小心走入圈子，就会重复访问节点。

"要想不重复地访问图中的所有节点，需要有一个系统的遍历方法。"西西船长说，"比如把所有节点都放到一个树结构上。"

因为树是没有回路的，所以不会兜圈子。如果从图的某个节点出发可以系统地访问图中所有节点，那么遍历时经过的边和所有节点所构成的树就被称作该图的生成树。比如图 5-15 就是图 5-14 的一棵生成树。

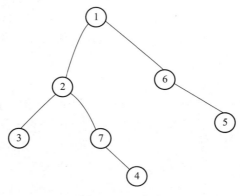

图 5-15　生成树

显然，图的生成树不是唯一的。如何找到一棵生成树呢？一般有两种策略——广度优先搜索和深度优先搜索。

"什么是广度优先搜索？赶快给我讲一讲吧！"菲菲兔有点儿着急。

5.7.2　广度优先搜索

对图的广度优先搜索（Breadth First Search，BFS）过程，简单来说就是依次访问每一层节点，访问完一层进入下一层，而且每个节点只能访问一次。对于图 5-15，如果以 1 为节点，广度优先搜索的顺序是：1-2-6-3-7-5-4（假设每层节点从左到右访问）。

广度优先搜索一般借助队列实现，队列的特点就是先进先出。先往队列中插入左节点，再插入右节点，这样出队列就是先左节点、后右节点了。例如，图 5-15 这棵树的搜索过程如下。

1）首先将节点 1 插入队列中，队列中有元素 [1]，节点 1 就是根节点。

2）将队首元素，即节点 1 弹出，同时将节点 1 的子节点从左到右依次压入队列，队列中为 [2, 6]，此时节点 1 为当前节点，可对它做一些处理。

3）继续弹出队首元素，即弹出 2，并将 2 的子节点从左到右依次压入队列。队列中为 [6, 3, 7]，此时得到当前节点 2。

4）继续弹出，即弹出 6，并将 6 的子节点从左到右依次压入队列，队列中为 [3, 7, 5]，此时得到当前节点 6。

5）继续将队首节点弹出，即弹出 3，它没有子节点，这时队列中元素为 [7, 5]，得到当前节点 3。

6）继续弹出的是节点 7，并将 7 的子节点从左到右依次压入队列，队列中为 [5, 4]，得到当前节点 7。

7）继续弹出 5，它没有子节点，队列中为 [4]，得到当前节点 5。

8）继续弹出 4，它没有子节点，队列为空（[]），得到当前节点 4。至此，就对这棵树进行了广度优先搜索。

"哦！原来这就是广度优先搜索，慢慢看完，也没有那么深奥嘛！"菲菲兔说，"我来试试用 Python 语言怎么翻译这个过程吧！"

建立一个 bfs.py 文件，并输入以下代码：

```python
# 广度优先搜索
def BFS(g,root):
        """利用队列实现图的广度优先搜索"""
        bfs_queue = []                      # 创建队列
        visited = []                        # 已访问列表
        bfs_queue.append(root)              # 添加根节点
        while bfs_queue:                    # bfs_queue 非空时继续
            v = bfs_queue.pop(0)            # 弹出队首顶点
            if v not in visited:
                visited.append(v)
                print('当前访问顶点：',v)
                for i in g[v]:              # 添加邻接顶点
                    if i not in bfs_queue:
                        bfs_queue.append(i)
                print('待搜索队列：',bfs_queue)
        return visited
```

BFS 函数用于以广度优先搜索策略访问一个图中的所有顶点。需要传入两个参数：第一个是图 g，第二个是搜索的起点，也是生成树的根节点。

为简单起见，用一个列表 bfs_queue 来表示待搜索顶点队列，用 visited 来表示已搜索队列。首先将根节点 root 添加到搜索队列中。然后根据 BFS 算法，依次弹出搜索队列中队首的元素，将其添加到 visited 列表中，并添加其子节点到搜索队列 bfs_queue 的末尾。这里要注意：使用列表来实现队列时，需要用 pop(0) 指定弹出下标为 0 的元素，它才是队首元素。而向队尾添加元素，使用 append() 方法即可。

图中存在环路，所以为避免重复搜索，在将弹出的队首元素添加到 visited 列表前，需要先判断一下该元素是否已经存在于 visited 列表中，如果存在，表示已经访问过了，不需要再添加。

同样，在将子节点添加到待搜索队列 bfs_queue 中时，也要先检查节点是否已存在于 bfs_queue 中。

接下来，我们使用字典来表示图 5-14 中的图，并且调用 BFS() 函数来观察一下，访问列表中的节点是否是按广度优先策略来搜索的。建立文件 graph.py，并输入如下代码：

```
# 连通图的表示
g={}                    # 创建字典
g[1]=[2,7,6]            # 添加邻居关系
g[2]=[1,7,3]
g[3]=[2,4,5]
g[4]=[3,5,6,7]
g[5]=[3,4,6]
g[6]=[1,4,5]
g[7]=[1,2,4]
```

使用字典 g 表示图，字典的 key 为每一个节点，每个键对应的值都表示与它相邻的节点列表。接下来输入如下代码进行 BFS 搜索：

```
import bfs
print(' 以 1 为根的广度优先搜索顺序为：',bfs.BFS(g,1))
```

运行结果如图 5-16 所示。

```
当前访问顶点： 1
待搜索队列： [2, 7, 6]
当前访问顶点： 2
待搜索队列： [7, 6, 1, 3]
当前访问顶点： 7
待搜索队列： [6, 1, 3, 2, 4]
当前访问顶点： 6
待搜索队列： [1, 3, 2, 4, 5]
当前访问顶点： 3
待搜索队列： [2, 4, 5]
当前访问顶点： 4
待搜索队列： [5, 3, 6, 7]
当前访问顶点： 5
待搜索队列： [3, 6, 7, 4]
以1为根的广度优先搜索顺序为： [1, 2, 7, 6, 3, 4, 5]
```

图 5-16　广度优先搜索示例

将搜索的节点按顺序连接成树，如图 5-17 所示。

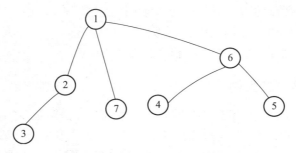

图 5-17　示例程序搜索出的生成树

菲菲兔数了数节点的个数，说："没错！这就是 BFS！"

【练一练】

派森号难得有假期，大家一起玩"谁是间谍"的游戏。一伙人围在一起，各自给自己起了个名字，Yuki、Tom、Joy 等，然后每人抽一张牌，其中有一张是"间谍"牌，但是大家都不知道。每一个人可以询问与他相邻的人，并从回答中分析线索，最终找到谁是间谍。

排除复杂的心理分析成分，要逐个调查每个人究竟是不是间谍，也算是一个 BFS 问题。假设每一个人都是一个节点，如图 5-18 所示。其中有一个人是间谍（随机产生），从自己（Me）节点开始，使用 BFS 方法，将目标找出来。

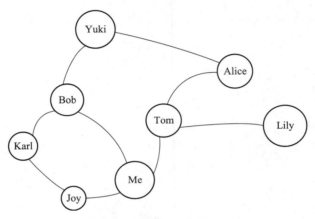

图 5-18　"谁是间谍"示意图

5.8　格兰特蕾妮的树：树的搜索算法

格兰特蕾妮种了一棵来自拜纳瑞星的树。这是一棵二叉树，每个树杈都只有两个分支，现在已经枝繁叶茂了。格兰特蕾妮想要在每片树叶和每个树杈上都挂上装饰。

"有没有一种办法可以访问树上的所有节点呢？"她问大家。

"办法当然有，不过需要一个方便的顺序。"西西船长说道。

5.8.1　所有树都是二叉树

"如果不是二叉树，也能遍历所有节点吗？"格兰特蕾妮总是问题多多。

"问得好，不过答案很简单！"西西船长研究发现，不管有多少个分叉，所有的树都可以按照某种规律转化成一棵二叉树。如图 5-19a 中的树就可以转换成图 5-19b 中的树。

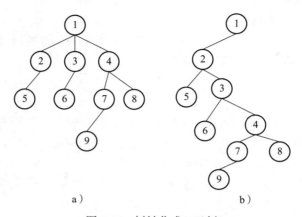

a)　　　　　　　　　　　　　　b)

图 5-19　树转化成二叉树

转化的规则很简单，可以称为"树的子女兄弟表示转换法"。

1）二叉树的每个节点还是原树中的每个节点。

2）对于二叉树中的任一个节点，它的左子节点为原树中该节点的第一个子节点。

3）它的右子节点为原树中该节点的第一个兄弟节点。

还可以将两棵甚至多棵树转换成一棵二叉树，图 5-20a 所示的两棵树可以转换成图 5-20b 所示的二叉树。

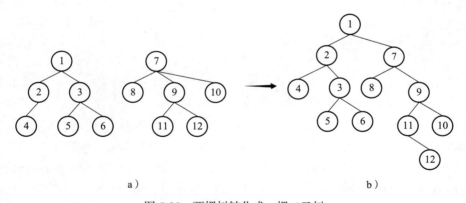

a)　　　　　　　　　　　　　　　b)

图 5-20　两棵树转化成一棵二叉树

多棵树放在一起称为"森林"，将"森林"转化成二叉树的规则如下。

1）二叉树的每个节点还是原森林中每棵树的每个节点。

2）二叉树的根为森林中第一棵树的根。

3）根的左子树为原森林中第一棵树的子树森林转化而来的二叉树。

4）根的右子树为原森林中除第一棵树外的森林转化而来的二叉树。

"听起来很绕口啊！"格兰特蕾妮说。

"现在不明白也没关系，只需要了解所有的树都可以转化为二叉树就行了。"西西船长笑着说道，"所以，接下来只需要讨论二叉树就行啦！"

5.8.2 前序遍历

"接下来，我们就看看如何访问一棵二叉树的所有节点和分叉吧！"西西船长说。

格兰特蕾妮点点头然后问道："那么，您说的方便的顺序是指什么呢？"

"前序遍历是几种常见的方法之一。"西西船长说道。

前序遍历，简称 DLR。D、L、R 分别代表遍历根节点、遍历左子树和遍历右子树。它最先访问根节点，所以也叫作先序遍历。DLR 按以下顺序搜索二叉树。

首先访问二叉树的根节点，然后遍历左子树，最后遍历右子树。在遍历左、右子树时，仍然先访问根节点，然后遍历左子树，最后遍历右子树。以此类推。显然，这里使用了递归的思想。

对于前序遍历的搜索顺序可以简单地记忆为"根左右"。比如对于图 5-19b 的二叉树，采用前序遍历的节点访问顺序是：1-2-5-3-6-4-7-9-8。又比如访问图 5-20b 中的二叉树，采用前序遍历的节点访问顺序是：1-2-4-3-5-6-7-8-9-11-12-10。

"如果要搜索的二叉树很大，就得使用程序了！"西西船长说完，建立了一个 tree_search.py 程序，并输入以下代码：

```
def dlr(tree):  #前序遍历
    if tree is None:
        return
    print(tree.root.name)
    dlr (tree.leftChild)
    dlr (tree.rightChild)
```

dlr 函数根据前序遍历的搜索顺序，首先访问根节点，为简便起见，用简单的 print() 语句输出根节点名称来代表对节点的访问。再递归调用 dlr() 函数遍历左子树和右子树。

下面为图 5-19b 创建一个二叉树实例。为简单起见，首先将 4.9 节中的 binary_tree.py 函数复制一份到与 tree_search.py 相同的目录下，然后创建一个新的 Python 程序，命名为 dlr_example.py，代码如下：

```
from binary_tree import BinTree,BinNode

t1=BinTree(1)
t1.insertLeft(2)
t2=t1.leftChild
t2.insertLeft(5)
t2.insertRight(3)
```

```
t3=t2.rightChild
t3.insertLeft(6)
t3.insertRight(4)
t4=t3.rightChild
t4.insertLeft(7)
t4.insertRight(8)
t7=t4.leftChild
t7.insertLeft(9)
```

t1 是一棵二叉树，根据图 5-19b 构造 t1 的所有节点关系。运行后，在 IDLE 中输入以下代码来检验一下是否正确：

```
>>> t1.leftChild.rightChild.rightChild.leftChild.leftChild.root.name
9
>>> t7.leftChild.root.name
9
```

使用两种方式获取到的最低层节点均为 9，没有问题。

接着，调用 dlr() 函数对 t1 进行前序遍历。添加如下代码：

```
import tree_search
print(" 前序遍历 ")
tree_search.dlr(t1)
```

运行程序，结果如图 5-21 所示。

图 5-21　前序遍历示例

"嗯！根左右，DLR——我记住了！"格兰特蕾妮说，"不过我还要多找几棵二叉树来试一试！"

5.8.3　中序遍历

西西船长说："除了前序遍历，二叉树还可以进行中序遍历，简称 LDR。"

"中序？那就是在中间访问根节点吗？"格兰特蕾妮猜测。

她猜得没错。中序遍历就是先搜索左子树，再访问根节点，最后搜索右子树。在搜索左子树和右子树时，同样采用"左根右"的顺序进行搜索。以此类推，遍历整棵树。如图 5-22 所示的二叉树，其中序遍历的顺序应该是：8-4-9-2-5-10-1-6-3-11-7-12。

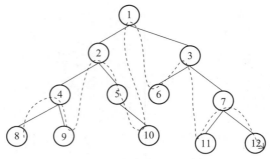

图 5-22   中序遍历二叉树

利用递归的思想，实现中序遍历也挺简单。在 tree_search.py 文件中定义一个名为 ldr 的中序遍历函数，代码如下：

```
# 中序遍历
def ldr(tree):
    if tree is None:
        return
    ldr(tree.leftChild)        # 先中序遍历左子树
    print(tree.root.name)      # 再打印根节点
    ldr(tree.rightChild)       # 再中序遍历右子树
```

如果树 tree 不为 None，开始中序遍历。先中序遍历左子树，调用函数 ldr(tree.leftChild)，其调用参数是 tree 的左子树。然后，访问根节点。最后再搜索右子树，递归调用 ldr() 函数。

接下来，定义图 5-22 中的二叉树来验证一下中序遍历函数。建立 ldr_example.py 程序，输入如下代码：

```
from binary_tree import BinTree,BinNode

t1=BinTree(1)
t1.insertLeft(2)
t1.insertRight(3)

t2=t1.leftChild
t2.insertLeft(4)
t2.insertRight(5)

t3=t1.rightChild
t3.insertLeft(6)
t3.insertRight(7)

t4=t2.leftChild
t4.insertLeft(8)
t4.insertRight(9)

t5=t2.rightChild
t5.insertRight(10)
```

```
t7=t3.rightChild
t7.insertLeft(11)
t7.insertRight(12)

import tree_search
print("中序遍历")
tree_search.ldr(t1)
```

运行程序，执行结果如图 5-23 所示。

图 5-23　中序遍历示例

"哦耶！"结果与预期的完全一致，大家都欢呼起来。

5.8.4　后序遍历

这时，格兰特蕾妮看了看西西船长，抢着说："是不是除了前序遍历、中序遍历，二叉树还可以进行后序遍历呀？"

西西船长哈哈大笑："你太聪明了，确实还有后序遍历，简称 LRD。"

顾名思义，后序遍历就是最后才访问根节点。其搜索顺序是：先搜索左子树，再搜索右子树，最后访问树的根节点。在搜索左子树和右子树时，同样采用"左右根"的顺序进行搜索。以此类推，遍历整棵树。同样以图 5-22 所示的二叉树为例，其后序遍历的顺序应该是：8-9-4-10-5-2-6-11-12-7-3-1。如图 5-24 所示。

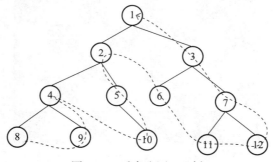

图 5-24　后序遍历二叉树

"有了前面的经验，后序遍历的程序就留给大家自己去实现吧！"

"哦耶！"格兰特蕾妮欢呼道。

【练一练】

实现对图 5-24 中二叉树的后序遍历。

5.9 八皇后问题：回溯算法

在一种称为"国际象棋"的古老游戏中，有一个很厉害的角色，称为"皇后"。她可以杀死与自己在同一直线上的所有对手，不管是横排、竖排还是斜排。

"那么问题来了，如果在棋盘上放上 8 个皇后，该怎么放才能让她们不会互相伤害呢？"大熊问大家。

5.9.1 八皇后问题的解

大熊的问题就是著名的"八皇后问题"，要使得 8 个皇后不互相攻击，必须做到任意两个皇后不处于同一行、同一列或同一斜线上（包括正反向斜线）。

"所以，如果放置完 8 个皇后以后，棋盘的每一行、每一列和每一条斜线上都只有一个皇后，那就算成功喽？"大熊反问道。

"对！每个成功的摆放都称为这个问题的一个解。"西西船长解释说，"例如图 5-25 所示的布局就是其中一个解。"

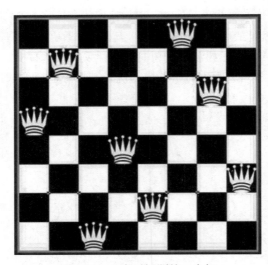

图 5-25 八皇后问题的一个解

八皇后问题求解的整体思路是这样的。

1）一次一个地放置皇后。

2）每次放置新的皇后前，需要先判断是否与已有的皇后冲突，都没有冲突才能确定新皇后的位置。

3）每一次放置完皇后，与已有的皇后们形成一个布局。因为经过前面步骤 2 的处理，所以布局中的皇后都不会冲突。

4）当放置完第 8 个皇后，也就是最后一个皇后时，保存所有皇后的位置，就得到一个解。

这个思路的流程图如图 5-26 所示。

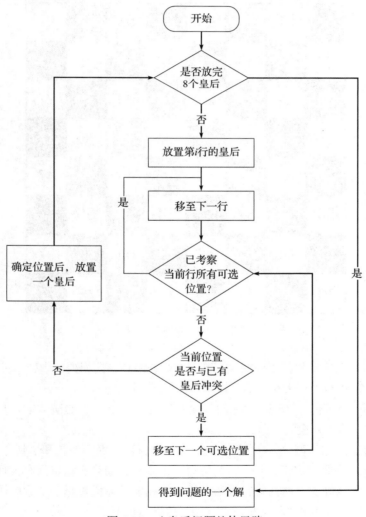

图 5-26　八皇后问题整体思路

从流程图中可以看到有两处往回指向的箭头，意思是当得不到问题的解时，需要回溯到前面步骤中进行修正。所以八皇后问题的算法属于回溯算法。

5.9.2 解的表示方式

"第一个问题：如何表示这样一个解？"大熊认真地说。

比较直接的解决方案是将棋盘定义成一个 8 行 8 列的矩阵，每个正方格都可以由一个行号和一个列号组合表示，如图 5-27 所示。

00	01	02	03	04	05	06	07
10	11	12	13	14	15	16	17
20	21	22	23	24	25	26	27
30	31	32	33	34	35	36	37
40	41	42	43	44	45	46	47
50	51	52	53	54	55	56	57
60	61	62	63	64	65	66	67
70	71	72	73	74	75	76	77

图 5-27 棋盘坐标

这样的话，将每个皇后的位置坐标保存到一个数据结构，比如列表中，即可。图 5-25 所示的解就可以表示成 [(0, 5), (1, 1), (2, 6), (3, 0), (4, 3), (5, 7), (6, 4), (7, 2)]。

看到这个结果，大熊想了想说："你们有没有发现，每个皇后的横坐标是从 0 到 7 顺序编号的。其实 0 到 7 就是这个列表的下标。"

"你是不是想说可以把横坐标简化掉，直接用下标代替？"西西船长领悟到了大熊的想法。

因为按照八皇后问题的定义，每一行只能有一个皇后，而且棋盘也只有 8 行，也就是每行也必须有一个皇后。那么确实像西西船长说的那样，用元素下标代替每个皇后的横坐标，也就是行号，而用元素值表示皇后的纵坐标，也就是列号，这样就行了。

"对对对，我就是这么想的。"大熊说，"那么刚才那个解就可以简化成 [5, 1, 6, 0, 3, 7, 4, 2] 这样一个列表了。"

"嗯，确实简洁多了。"大家都赞同这种方法。

5.9.3 冲突的判定

"第二个问题：如何判定皇后之间的冲突？"

皇后们可能在水平方向、垂直方向或者斜线方向发生冲突。所以，从以下三个方面考虑。

1）因为每行放一个皇后，所以只要新皇后的行号等于已有的皇后数量加 1，就可以不考虑水平方向是否冲突的问题了——肯定不冲突。

2）接下来考虑垂直方向是否冲突。根据前面讲的求解总体思路，假设已经存在于棋盘上的皇后组成一个布局，记作 layout。根据之前西西船长和大熊的分析，layout 中保存的是已有皇后的纵坐标，所以新来的皇后的纵坐标不能与 layout 中的元素值重叠，这样就能保证在垂直方向上不会与已有皇后冲突。假设待判断的纵坐标是 curY，则：

```
curY == layout[row]
```

就表示第 row 行上的皇后已经处于 curY 列了，所以 curY 这个值不能用于新皇后的列坐标。

3）如何判断斜线方向是否发生了冲突？这个问题稍微复杂一点。斜线方向分为正斜线和反斜线，我们分别用 "／" 和 "＼" 表示。观察图 5-28 中正反两个斜线方向棋盘格的坐标，可以发现正斜线和反斜线上的方格坐标有一个共同的特点：任意两个方格的横坐标之差与纵坐标之差绝对值相等。如图 5-28a 中的 36 和 27，横坐标差的绝对值是 1，纵坐标差的绝对值也是 1；再如 54 和 72，横坐标差绝对值为 2，纵坐标差的绝对值也为 2。图 5-28b 中的情况也是如此。

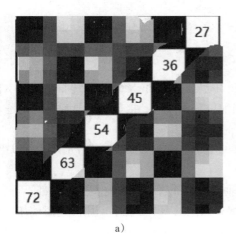
a)

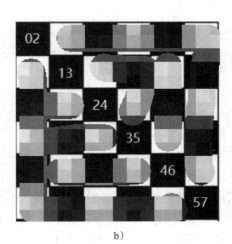
b)

图 5-28　斜线方向坐标的规律

依次考察所有已确定的皇后的位置在垂直或者斜线方向是否与当前考察的位置冲突，如果冲突就更换当前考察的位置。

5.9.4　求解八皇后问题

创建一个 queen（皇后）函数，它处理两个参数，一个是放完所有皇后以后的布局 layout，一个是当前正在考察的那一个皇后。一般比较喜欢一行一行地考察，所以就用行号 curX 来表示当前正在考察的皇后所在的行。代码如下：

```
def queen(layout, curX=0):        #layout 是放完所有皇后的纵坐标列表，curX 是当前横坐标
```

layout 是放完皇后以后的布局，其元素个数就等于正方形棋盘的行数或者列数。也就意味着，当处理完最后一个皇后时，它的行号 curX 就等于 len(layout)。这时就输出问题的解。代码如下：

```
if curX == len(layout):           #横坐标等于棋盘行数时，求解结束，输出结果
    print(layout)
    return 0
```

现在把问题一般化，如果调用 queen() 时传入的行号为 curX，需要做如下考虑：尝试棋盘这一行上的所有纵坐标，看看是否与 layout 中的纵坐标发生垂直或斜线方向的冲突。代码如下：

```
for col in range(len(layout)):    # 判断每一个纵坐标
    layout[curX]= col             # 当前行皇后位置的纵坐标为 col
    flag = True                   # 标志 flag 为 True，表示不冲突
    for row in range(curX):       # 考察已有皇后的坐标
        if layout[row] == col or abs(col - layout[row]) == curX - row:
            flag = False
            break
```

解释一下。对于每一个纵坐标 col，先将 layout 中当前下标 curX 处的元素 layout[curX] 赋值为 col。然后设定一个标志 flag，假定为 True，表示当前位置不冲突。接下来需要考察的就是 col 这个位置是否与 layout 中的已有元素发生冲突。

这里要注意的是，layout 中已有的皇后是元素的下标在 0 到 curX 之间的元素。所以循环考察的范围是 range(curX)，而不是 range(len(layout))。

判断冲突的依据在 5.9.3 节中已经分析过了。垂直方向或者斜线方向发生冲突都不行。如果发生冲突，就将标志 flag 赋值为 False，表示发生冲突，当前的 col 位置不可用。这时使用一个 break 语句，跳出对当前 col 的冲突判断，转而对下一个 col 值进行冲突判断。

如果某个 col 经判断后不与已有皇后位置冲突，即没有执行 flag＝False，那么执行条件语句 if

flag 下面的代码：

```
if flag:                                  # 关键：如果经判断后，col 位置不冲突
    queen(layout, curX+1)                 # 那么用同样的方法处理下一行的皇后
```

这时，layout[curX] 的值就确定为 col，并开始用同样的方法处理下一行的皇后。

函数 queen() 是一个通用函数，需要注意的是其参数 curX 的值初始化为 0，表示从标号为 0 的行开始放置皇后。

运行如下代码，求解八皇后问题：

```
queen([None]*8)
```

代码表示传入的 layout 初始化是一个 8 个元素都是 None 的列表，curX 直接默认，采用默认值 0。执行结果如图 5-29 所示。

```
Python 3.7.0 Shell                                         —    □    ×
File  Edit  Shell  Debug  Options  Window  Help
[3, 1, 6, 2, 0, 7, 5, 2]
[3, 1, 6, 4, 0, 7, 5, 2]
[3, 1, 7, 4, 6, 0, 2, 5]
[3, 1, 7, 5, 0, 2, 4, 6]
[3, 5, 0, 4, 1, 7, 2, 6]
[3, 5, 7, 1, 6, 0, 2, 4]
[3, 5, 7, 2, 0, 6, 4, 1]
[3, 6, 0, 7, 4, 1, 5, 2]
[3, 6, 2, 7, 1, 4, 0, 5]
[3, 6, 4, 1, 5, 0, 2, 7]
[3, 6, 4, 2, 0, 5, 7, 1]
[3, 7, 0, 2, 5, 1, 6, 4]
[3, 7, 0, 4, 6, 1, 5, 2]
[3, 7, 4, 2, 0, 6, 1, 5]
[4, 0, 3, 5, 7, 1, 6, 2]
[4, 0, 7, 3, 1, 6, 2, 5]
[4, 0, 7, 5, 2, 6, 1, 3]
[4, 1, 3, 5, 7, 2, 0, 6]
[4, 1, 3, 6, 2, 7, 5, 0]
[4, 1, 5, 0, 6, 3, 7, 2]
[4, 1, 7, 0, 3, 6, 2, 5]
[4, 2, 0, 5, 7, 1, 3, 6]
[4, 2, 0, 6, 1, 7, 5, 3]
[4, 2, 7, 3, 6, 0, 5, 1]
[4, 6, 0, 2, 7, 5, 3, 1]
[4, 6, 0, 3, 1, 7, 5, 2]
[4, 6, 1, 3, 7, 0, 2, 5]
[4, 6, 1, 5, 2, 0, 3, 7]
[4, 6, 1, 5, 2, 0, 7, 3]
[4, 6, 3, 0, 2, 7, 5, 1]
[4, 7, 3, 0, 2, 5, 1, 6]
[4, 7, 3, 0, 6, 1, 5, 2]
[5, 0, 4, 1, 7, 2, 6, 3]
```

图 5-29   八皇后问题的解

可以看出问题的解不止一个。

"我要验证一下！"大熊选了一个解 [4, 6, 0, 2, 7, 5, 3, 1]，在棋盘上摆了八个皇后，如图 5-30 所示。

他看了半天，最后喊道："果真不冲突！"

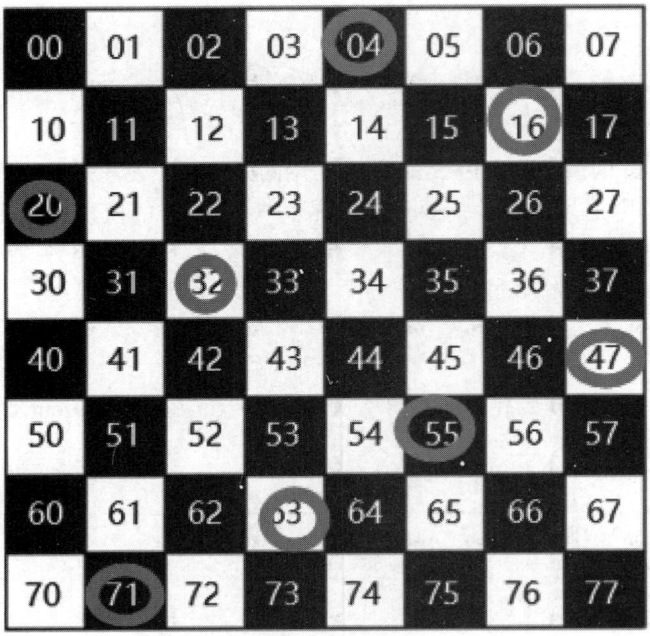

图 5-30　验证其中一个解

【练一练】

试试运行函数求解五皇后、四皇后或者九皇后问题。思考一下如何求出八皇后问题解的个数。

第 6 章　趣味程序

6.1　银河通缉犯

一架无名飞船抢劫了蓝色星的稀土矿产后逃向了银河系深处。银河系发出了通缉令，寻找目击者。

6.1.1　目击者的口述

现场有几位目击者，但都没有记清飞船的代号，只能说出飞船代号的一些特征。第一位目击者说："飞船代号前两位数字相同。"第二位说："代号后两位数字相同，但与前两位不同。"第三位说："飞船的代号是四位数。"第四位接着说："对对对，而且这个四位数恰巧是某个整数的平方。"

"那么飞船的代号到底是什么呢？"西西船长受蓝色星的委托，帮忙分析这个问题，"按照题目的要求，需要找到一个四位数，前两位数字相同，后两位数字相同，但是中间两位数字不同，而且它必须是另一个整数的平方。"

假设这个四位数是 a_1、a_2、a_3、a_4，首先它满足如下条件：

$$\begin{cases} a_1 = a_2 \\ a_3 = a_4 \\ a_1 \neq a_3 \end{cases}$$

然后它还满足 $1000a_1 + 100a_2 + 10a_3 + a_4 = X^2$，其中 X 是整数。

归纳起来，这是一个数值计算问题——求解不定方程组。简单地说，不定方程组求解就是多个变量需要同时满足多个等式或不等式的条件，要求找出这些变量所有可能的取值。对于此类问题，一般采用穷举法。

"我知道穷举法啊！循环遍历所有四位数，再从中挑选出满足所有条件的那些！"洛克威尔说。

"思路是没错，只是仔细想一想的话，这里还有几个隐含条件。"西西船长进一步说道，"a_1、a_2、a_3、a_4 都是 1 位整数，而且其中 a_1 开头，所以它不能为 0，因此 a_2 也不能为 0。"

6.1.2　从问题到算法

根据分析，首先用一个循环，遍历所有 a_1 或 a_2 的取值，范围是 $1 \sim 9$。在循环内部也采用一个循环，遍历所有 a_3 或 a_4 的取值，范围是 $0 \sim 9$。在这个二重循环内部需要做如下事情：

1）排除 $a_1 = a_3$ 的情况。

这比较好办，用一个条件语句即可。

2）判断 $1000a_1 + 100a_2 + 10a_3 + a_4$ 是否是某个数 X 的平方。

这个问题需要再使用一个循环。循环的范围可以先粗略估计一下。比如：30 的平方是 900，是一个 3 位数，而 40 的平方是 1600，是一个 4 位数。所以，粗略地考虑，我们可以选择将 30 作为 X 循环范围的起点。另一方面，100 的平方是 10 000，是最小的 5 位数。所以将 100 作为循环范围的终点最合适。

程序流程如图 6-1 所示。

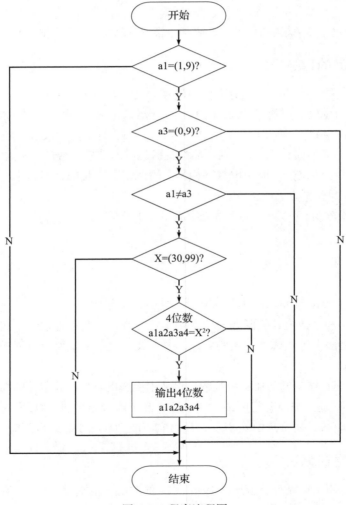

图 6-1　程序流程图

```
for a1 in range(1,10):              # 前两位 a1=a2，取值范围 1 ~ 9
    for a3 in range(0,10):          # 后两位 a3=a4，取值范围 0 ~ 9
        if not a1==a3:              # 排除 a1=a3 的情况
            a2=a1
            a4=a3
            k=1000*a1+100*a2+10*a3+a4
            for X in range(30,100):
                if k==X*X:
                    print("飞船的代号是：",k)
```

分析过后，写出来的程序很简单，其中 a2＝a1、a4＝a3 两行可以省略，在后续的代码中直接使用 a1 代替 a2，用 a3 代替 a4，此处保留是为了与分析中保持一致。运行程序，结果如图 6-2 所示。

```
飞船的代号是： 7744
>>> |
```

图 6-2　在 IDLE 中输出结果

6.1.3　问题拓展

上面的程序在二重循环的内部又包含一个循环，其实这样的设计是比较耗费计算机资源的，只不过这个问题比较简单，计算量不大，所以看不出来。对于多重循环的问题，一般要考虑节省计算资源。程序中如果已经有了确定的结论，可以考虑立即停止循环。

比如针对当前这个问题，找到号码的时候就可以退出循环，而不用继续穷举剩余的 a1 和 a3 了。为此可以改进算法，设置一个"标识变量"，该变量初值为 0，一旦找到满足条件的结果，就将该标识的值改为 1。每轮循环中都判断一下这个标识变量的值，如果值为 1 则退出循环。这样能有效地减少循环次数。改进程序如下：

```
flag=0                              # 标识变量
for a1 in range(1,10):              # 前两位 a1=a2，取值范围 1 ~ 9
    if flag:
        break
    for a3 in range(0,10):          # 后两位 a3=a4，取值范围 0 ~ 9
        if flag:
            break
        if not a1==a3:              # 排除 a1=a3 的情况
            a2=a1
            a4=a3
            k=1000*a1+100*a2+10*a3+a4
            for X in range(30,100):
                if k==X*X:
                    print("飞船的代号是：",k)
                    flag=1
                    break
```

运行程序的结果仍然是 7744。如果你想知道是不是真的节省了计算机资源，可以自己尝试修改程序，记录一下改进前后循环的次数，比较一下就知道了。

6.2 大熊的存钱方案

大熊打算在大熊座银行存一笔钱。大熊座银行的月利率为 0.88%。大熊打算在今后的 5 年中，每年的年底取出 1000 元，到第 5 年时刚好取完。大熊想知道他存钱时应存入多少。

6.2.1 反向推算

首先举个简单的例子，普及一下存钱的知识：假设年初存入 10 000 元钱，这 10 000 元称为本金。如果月利率为 0.88%，则一年中每个月都可以获得 88（10 000 × 0.0088）元，一年 12 个月，因此年底可以得到利息 1056（88 × 12）元。加上本金一共可以取出 11056 元。

用 p 表示本金，r 表示月利率，t 表示年底能取出的总金额，即本金和利息之和。则有：

```
t=p+p×r×12
```

那么年初银行内需要作为本金的存款金额就是：

```
p=t÷(1+12×r)
```

对于大熊的这个问题，我们试试从第 5 年开始向前推算。因为要求"在今后的 5 年中每年的年底取出 1000 元，到第 5 年的时候刚好可以取完"。也就是说，第 5 年年底取出 1000 元，按前面的公式可以计算出第 5 年的本金，也就是第 5 年年初银行中的存款数为：

```
第 5 年年初存款数 =1000/(1+12×0.0088)
```

按要求，第 4 年年底也要能够取出 1000，则第 4 年年底存在银行内的存款数应为：

```
1000+ 第 5 年年初银行的存款数
```

则第 4 年年初银行内的存款为：

```
第 4 年年初存款数 =(1000+ 第 5 年年初存款)/(1+12×0.0088)
```

根据公式可以推算出第 4 年、第 3 年直至第 1 年年初的银行存款数，如表 6-1 所示。

表 6-1　年初存款数

第 5 年年初存款	1000/（1+12×0.0088）
第 4 年年初存款	（1000+第 5 年年初存款）/（1+12×0.0088）
第 3 年年初存款	（1000+第 4 年年初存款）/（1+12×0.0088）
第 2 年年初存款	（1000+第 3 年年初存款）/（1+12×0.0088）
第 1 年年初存款	（1000+第 2 年年初存款）/（1+12×0.0088）

6.2.2 算法

根据上述分析,大家看出什么规律没有呢? 对了,从第 5 年年初开始向前递推,就可求出第 1 年年初大熊应该在银行中存钱的金额。此时立马可以想到使用 for 循环来解决。

创建一个变量 money,用来表示每年年底取完钱后,银行中当前的存款额。因为第 5 年年底把钱取完了,所以 money 的初始值赋值为 0.0,是一个浮点数。每年年初银行内的金额就是 (money+1000)/(1+12×0.0088),这就是循环的循环体,共需要循环 5 次。

根据上面的分析,建立一个 Python 程序,代码如下:

```
money=0.0
for i in range(5):
    money=(money+1000)/(1+12*0.0088)
    print("第%d年年初银行内的存款为%.2f元。"%(5-i,money))
```

在 for 循环内部将每年年初的存款金额都输出出来,结果如图 6-3 所示。

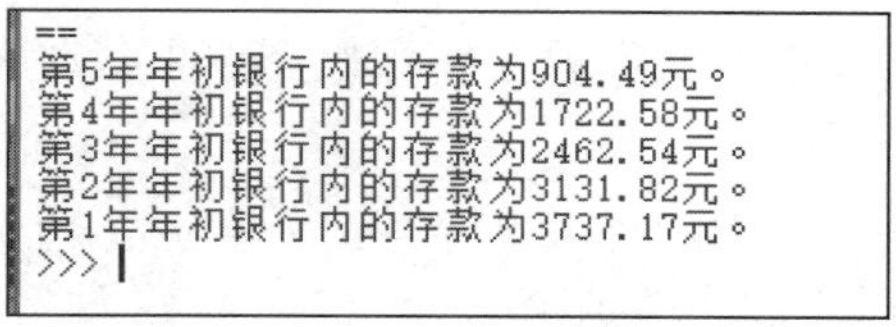

```
==
第5年年初银行内的存款为904.49元。
第4年年初银行内的存款为1722.58元。
第3年年初银行内的存款为2462.54元。
第2年年初银行内的存款为3131.82元。
第1年年初银行内的存款为3737.17元。
>>>
```

图 6-3　每年年初银行的存款金额

这里要说明一下,代码中控制了输出中小数点后的位数是两位,最后计算出第 1 年年初银行内的存款为 3737.17 元。也就是说大熊必须在银行内存入 3737.17 元,银行按月利率 0.88% 不变的话,他就能每年年底取出 1000 元,并且第 5 年全部取完。

“完美!”大熊说。

6.3　哥德巴赫猜想

古时候有位科学家叫哥德巴赫,他提出一个论断:“任何一个不小于 4 的偶数都能够分解为两个素数之和。”大家只知道他的论断是对的,但是说不出为什么是对的。

6.3.1　什么是素数

“哥德巴赫猜想真的是正确的吗?”格兰特蕾妮随便尝试了几个数。

```
34=11+23
78=67+11
```

“好像是真的! 不过我还要用更大的数证实一下。”

大家都知道，素数是指只能被 1 和它自身整除的整数。所以要判断一个整数是不是素数，就要测试它能否被 1 和它自身以外的其他整数所整除。如果除了 1 和它自身，还能找出任意一个其他整数能整除它，则这个数就不是素数。

格兰特蕾妮喜欢素数，她觉得素数是所有数学问题的精髓，于是她决定设计一个通用的函数，如果从键盘输入一个起点和一个终点，就可以输出起点和终点之间的所有素数。这个函数今后在很多地方肯定都用得着。

如何判断一个数是不是素数呢？根据素数的定义，需要尝试找出除了 1 和它本身以外，是否还有能除尽它的数。所以可以使用一个循环结构——取值范围是从 2 到它自己减一之间的所有数，在循环里判断当前考察的数是否能被范围内某个数整除。

"慢着！"克里克里提示说，"其实不用将 2 到它自己减一的所有数都循环一遍。因为这中间只要有一个数能整除原数，那么原数就不是素数了。这时应该立即结束循环。对了，用 break！"

6.3.2　是不是素数

"分析了这么久，赶紧编程实现吧！"格兰特蕾妮有点小激动啊。她建立一个程序 prime.py，并创建函数 isPrime()，代码如下：

```
def isPrime(N):
    if N == 1:
        return False
    i=2
    while i<N:
        if N % i == 0:        # 如果有某个数除尽 N，则返回 False
            return False
        i+=1
    return True               # 如果循环内都除不尽
```

代码根据前面的分析实现了如何判断素数的功能。要说明的是，1 虽然符合素数的定义，只能被 1 和它本身（也是 1）整除，但是数学界规定它不是素数，所以要单独判断一下。其实，数学界的天才们还指出，如果一个数 N，不能被 2 到 $\sqrt{N}$ 之间的所有整数整除，则数 N 就是素数。这样循环的次数就更少了。

可以将上述代码修改为如下代码：

```
def isPrime2(N):
    import math
    if N == 1:
        return False
    toplimit=math.sqrt(N)
    i=2
    while i<=toplimit:
        if N % i == 0:        # 如果有某个数除尽 N，则返回 False
            return False
```

```
    i+=1
    return True          # 如果循环内都除不尽
```

需要注意，这种方法需要测试$\sqrt{N}$是否能被 N 整除。运行程序试一试，结果如图 6-4 所示。

```
>>> isPrime2(22)
False
>>> isPrime2(37)
True
>>> isPrime2(19)
True
>>> isPrime(23)
True
>>> isPrime(45)
False
>>> |
```

图 6-4　判断素数

"我还有个小发现！"格兰特蕾妮说，"所有的偶数，只有 2 是素数。也就是说可以首先排除偶数，判断素数就更快了。"建立函数 isPrime3()，继续改进判断素数的方法，代码如下：

```
def isPrime3(N):
    import math
    if N == 1:
        return False
    if N == 2:              # 2 是素数
        return True
    toplimit=math.sqrt(N)
    i=2
    while i<=toplimit:
        if N % 2 == 0:      # 首先排除偶数
            return False
        if N % i == 0:      # 如果有某个数除尽 N，则返回 False
            return False
        i+=1
    return True             # 如果循环内都除不尽
```

"似乎是正确的呀！我把 100 以内的素数都找出来试试！"洛克威尔想测试一下这两个判断素数的函数。他建立了 test_Prime.py 程序，并输入以下代码：

```
import Goldbach
count=0
for n in range(101):
    if Goldbach.isPrime3(n):
        print(n,end=',')
        count+=1
        if count % 5 == 0:
            print('\n')   # 每输出 5 个换行
```

运行程序，结果如图 6-5 所示。

```
2, 3, 5, 7, 11,

13, 17, 19, 23, 29,

31, 37, 41, 43, 47,

53, 59, 61, 67, 71,

73, 79, 83, 89, 97,

100以内一共有25个素数
>>>
```

图 6-5   100 以内的素数

用 isPrime() 或 isPrime2() 函数，结果一样。"太棒了！这样就很容易知道一个数是不是素数了。"洛克威尔说。

6.3.3   验证哥德巴赫猜想

"别忘了，我们还要用判断素数的函数来验证哥德巴赫猜想呢！"格兰特蕾妮说。

为了验证哥德巴赫猜想对整数 N 成立，可以先将整数 N 分解为两个较小的整数，设其中一个整数是 i，则另一个整数就是 $N-i$。然后判断分解出的两个整数是否均为素数。若都是素数，就可以验证哥德巴赫猜想是正确的，否则，还需要改变 i 值并重新判断。

我们已经定义了函数 isPrime() 来判断一个整数是不是素数，函数的返回值是布尔值。所以如果

```
isPrime(i) and isPrime(N-i)==True
```

就表示分解出的两个整数 i 和 $N-i$ 都是素数。

整数 i 的变化范围是什么呢？首先，N 分解出来的两个整数之一的值肯定小于或等于 $N/2$。其次，2 是最小的素数。因此，i 的范围可以在 2 到 $N/2$ 之间进行遍历操作。一旦发现两个整数都是素数，则输出 $(i, N-i)$，这就是求出的一组解。

需要注意的是，由于除了 2 以外的偶数都不是素数，因此，i 值的可能取值只能是 2 和所有的奇数。

分析了这么久，建立一个程序吧！就叫作 Goldbach.py，代码如下：

```python
import prime
print('哥德巴赫猜想的验证：')
while 1:
    N=int(input('请输入一个大于 4 的正偶数（输入负数结束）：'))
    if N<0:
        break
    elif N>4 and N % 2 ==0:
        for i in range(3,int(N/2)+1,2):
            if prime.isPrime3(i) and prime.isPrime3(N-i):
                print("%d = %d + %d"%(N,i,N-i))
```

```
    else:
        print(' 提示 : 请按要求输入。')
```

该程序的流程如图 6-6 所示。

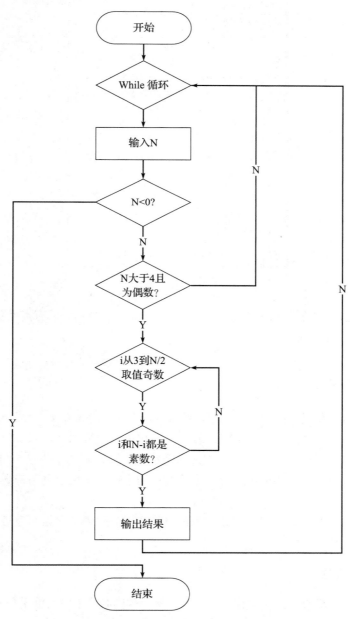

图 6-6 验证哥德巴赫猜想的流程图

在 IDLE 下运行程序，按提示做一些输入，结果如图 6-7 所示。

```
哥德巴赫猜想的验证：
请输入一个大于4的正偶数(输入负数结束)：1
提示：请按要求输入。
请输入一个大于4的正偶数(输入负数结束)：2
提示：请按要求输入。
请输入一个大于4的正偶数(输入负数结束)：3
提示：请按要求输入。
请输入一个大于4的正偶数(输入负数结束)：4
提示：请按要求输入。
请输入一个大于4的正偶数(输入负数结束)：5
提示：请按要求输入。
请输入一个大于4的正偶数(输入负数结束)：6
6 = 3 + 3
请输入一个大于4的正偶数(输入负数结束)：8
8 = 3 + 5
请输入一个大于4的正偶数(输入负数结束)：48
48 = 5 + 43
48 = 7 + 41
48 = 11 + 37
48 = 17 + 31
48 = 19 + 29
请输入一个大于4的正偶数(输入负数结束)：174
174 = 7 + 167
174 = 11 + 163
174 = 17 + 157
174 = 23 + 151
174 = 37 + 137
174 = 43 + 131
174 = 47 + 127
174 = 61 + 113
174 = 67 + 107
174 = 71 + 103
174 = 73 + 101
请输入一个大于4的正偶数(输入负数结束)：-1
>>>
```

图 6-7　运行结果

"呀呀呀！我就不信哥德巴赫猜得那么准！我还要多试几次！"大熊有点不服气。

格兰特蕾妮说："尽管试！"

6.4　船长分糖果

派森号访问神奇小孩星球的幼儿园。西西船长给十个小孩分发糖果。她让十个小孩围成一圈，分给第一个小孩 12 颗，第二个小孩 4 颗，第三个小孩 8 颗，第四个小孩 20 颗，第五个小孩 16 颗，第六个小孩 10 颗，第七个小孩 18 颗，第八个小孩 6 颗，第九个小孩 14 颗，第十个小孩 28 颗。然后所有的小孩同时将手中的糖果分一半给右边的小孩；糖果数量为奇数的人可向西西船长多要一颗。

经过这样几次分糖果后，小孩们手中糖果的数量变成一样多了。你知道最后每个小孩手里各有多少颗糖果吗？要分几次呢？

6.4.1　数据结构

程序的主体是"分糖果"这一动作，即"所有的小孩同时将手中的糖果分一半给右边的小孩；糖果数量为奇数的人可向西西船长多要一颗"。能不能用程序表达式来表示这一动作呢？

这里要特别注意"同时"这个关键点。我们来看看第一个小孩糖果的变化情况：第一次分糖果，他的 12 颗糖果减半变成 6 颗，同时也得到了他左侧，也就是第十个小孩分给他的 14 颗糖果，所以最后第一个小孩有 20（12/2＋28/2）颗糖果。可以看出每轮分糖果后，每个小孩最后得到的糖果数是自己原有糖果数 /2＋左侧小孩糖果数 /2。还有一个条件，即"糖果数量为奇数的人可向西西船长多要一颗"。这个简单，判断一下结果是否奇数，是的话就先加 1。

每个小孩的糖果数都是一个变化的量，所以首先我们要考虑用什么数据结构来存放这些变量。用列表比较合适。假设列表名为 candy，则一开始所有十个小孩的糖果数量可作为 candy 列表的初始值：

```
candy=[12,4,8,20,16,10,18,6,14,28]
```

第一个小孩的糖果数可以用 candy[0] 表示，第 i 个小孩的糖果数可以用 candy[i－1] 表示，因为列表默认下标是从 0 开始。

6.4.2　分糖果一次

有了数据结构，接下来就要考虑算法了。首先，每一次分糖果可以细分为两个步骤。

第 1 步，手里的糖果减半。

假设要分给别人的糖果数我们保存在一个列表变量 temp 中。第 i 个小孩手里的糖果数为 candy[i]，如果是偶数，则 candy[i]＝candy[i]//2 ；如果是奇数，candy[i]＝(candy[i]＋1)//2。因为要分一半糖果出去，所以需要分出去的糖果数 temp[i]＝candy[i]。

第 2 步，拿到别人分来的糖果。

每个人拿到左边小孩给的糖果，即 candy[i＋1]＝candy[i＋1]＋temp[i]。这里要注意的是，十个小孩站成一圈，也就是说第一个小孩会拿到第十个小孩的糖果，可以写成 candy[0]＝candy[0]＋temp[9]。

这两个步骤都可以用循环结构来解决。建立 kids_candy.py 程序，输入如下代码：

```
# 初始值
candy=[12,4,8,20,16,10,18,6,14,28]
temp=[0]*10              # 存储分出去的糖果
print(candy)
# 第一步，手里糖果的一半
for i in range(10):
    if candy[i]%2==0:      # 若为偶数
        candy[i]=candy[i]//2
    else:
        candy[i]=(candy[i]+1)//2
    temp[i]=candy[i]       # 分出去的糖果

# 第二步，拿到左边小孩的糖果
for i in range(9):
    candy[i+1]=candy[i+1]+temp[i]
```

```
candy[0]=candy[0]+temp[9]
print(candy)
```

代码中输出了一次分糖果前后十个小孩的糖果数。运行程序，结果如图 6-8 所示。

```
=====
[12, 4, 8, 20, 16, 10, 18, 6, 14, 28]
[20, 8, 6, 14, 18, 13, 14, 12, 10, 21]
>>> |
```

图 6-8　一次分糖果的结果

第一个小孩的糖果数果然变成了 20。

6.4.3　糖果一样多

接下来，按照问题描述，按这样的方法分糖果要经过许多次，最后达到"小孩们手中糖果的数量变成一样多"这个结果。

同样使用循环结构，但是这次不知道要循环多少次，这时就要使用 while 循环了。循环的终止条件就是"糖果数一样多"。如何表示这个终止条件呢？一个比较直接的方法就是使用 for 循环，遍历 candy[1] 到 candy[9] 的值，看看每一个是不是都等于 candy[0]。为此定义一个判别函数 isSame()，代码如下：

```
# 判断函数
def isSame(lst):
    for i in range(len(lst)):
        if lst[0]!=lst[i]:
            return False
    return True
```

把 isSame() 作为 while 循环结束的条件即可。整个程序的流程如图 6-9 所示。

根据上面的分析，修改代码完成程序如下：

```
# 判断函数
def isSame(lst):
    for i in range(len(lst)):
        if lst[0]!=lst[i]:
            return False
    return True

# 初始值
candy=[12,4,8,20,16,10,18,6,14,28]
print(" 初始: ",candy)
temp=[0]*10                          # 存储分出去的糖果
count=0
```

```
while not isSame(candy):
    count+=1
    #第一步，手里糖果的一半
    for i in range(10):
        if candy[i]%2==0:          #若为偶数
            candy[i]=candy[i]//2
        else:
            candy[i]=(candy[i]+1)//2
        temp[i]=candy[i]            #分出去的糖果

    #第二步，拿到左边小孩的糖果
    for i in range(9):
        candy[i+1]=candy[i+1]+temp[i]
    candy[0]=candy[0]+temp[9]
    print("第%d次： "%count,candy)
```

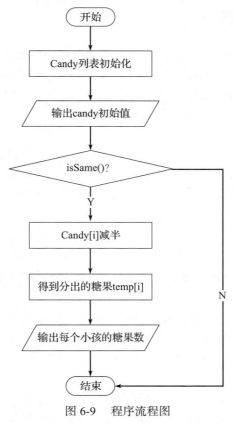

图 6-9　程序流程图

代码中设计了一个 count 变量，用于记录分糖果的次数。运行程序，结果如图 6-10 所示。
"一共分糖果 17 次，分完大家都有 20 颗！"十个小孩都很高兴。

```
=
初始:     [12,  4,  8, 20, 16, 10, 18,  6, 14, 28]
第1次:    [20,  8,  6, 14, 18, 13, 14, 12, 10, 21]
第2次:    [21, 14,  7, 10, 16, 16, 14, 13, 11, 16]
第3次:    [19, 18, 11,  9, 13, 16, 15, 14, 13, 14]
第4次:    [17, 19, 15, 11, 12, 15, 16, 15, 14, 14]
第5次:    [16, 19, 18, 14, 12, 14, 16, 16, 15, 14]
第6次:    [15, 18, 19, 16, 13, 13, 15, 16, 16, 15]
第7次:    [16, 17, 19, 18, 15, 14, 15, 16, 16, 16]
第8次:    [16, 17, 19, 19, 17, 15, 15, 16, 16, 16]
第9次:    [16, 17, 19, 20, 19, 17, 16, 16, 16, 16]
第10次:   [16, 17, 19, 20, 20, 19, 17, 16, 16, 16]
第11次:   [16, 17, 19, 20, 20, 20, 19, 17, 16, 16]
第12次:   [16, 17, 19, 20, 20, 20, 20, 19, 17, 16]
第13次:   [16, 17, 19, 20, 20, 20, 20, 20, 19, 17]
第14次:   [17, 17, 19, 20, 20, 20, 20, 20, 20, 19]
第15次:   [19, 18, 19, 20, 20, 20, 20, 20, 20, 20]
第16次:   [20, 19, 19, 20, 20, 20, 20, 20, 20, 20]
第17次:   [20, 20, 20, 20, 20, 20, 20, 20, 20, 20]
>>> |
```

图 6-10　分糖果 17 次

6.5　"可怕"的黑洞数

帕格拉星球的长老在给派森号的船员们讲解黑洞的奥秘。他说："宇宙中不管什么形式的物质，如果陷入黑洞，都会变得黑漆漆一片，看上去毫无差别，也永远没有变化。"

菲菲兔听了怯怯地说："好可怕！和我之前听过的黑洞数一样可怕！"

大家都转过头来望着她，一齐问："什么是黑洞数？"

6.5.1　黑洞数问题

菲菲兔慢慢说道："对于任何一个由不全相同的数字组成的整数，将组成它的各位数字重排得到的最大数减去最小数，所得差称为'重排求差'，比如 975 − 579 = 396；630 − 063 = 567。"

"嗯嗯！"大家都听得很仔细。

菲菲兔接着说："奇怪的是，经有限次'重排求差'操作后，总会得到一个数，对这个数再怎么进行'重排求差'，结果再也不会变化了，这个数就叫作黑洞数。"

例如将 795 这个数进行重排求差：975 − 579 = 396，963 − 369 = 594，954 − 459 = 495，再做下去不变了。

再例如对 603 进行重排求差：630 − 063 = 567，765 − 567 = 198，981 − 189 = 792，972 − 279 = 693，963 − 369 = 594，954 − 459 = 495，再做下去也不变了。所以 495 就是三位数的"黑洞数"。

其他的例子没法一一尝试，我们可以用程序来验证这个问题："是不是任何一个整数的黑洞数都是 495 呢？"

对这个问题的分析，要先研究一下"黑洞数"的定义：任何一个由不全相同的数字组成的整数，经过有限次"重排求差"操作后，最后结果总会掉入一个黑洞数里。结果一旦为黑洞数，无论再重复进行多少次"重排求差"，结果都不会变化了。

所以这个问题有两个关键点：

1）不断循环的"重排求差"。

2）循环结束的条件："重排求差"结果不变。

6.5.2　求黑洞数的算法

根据前面的分析，求黑洞数的过程如下：

1）输入任一三位数，判断是否符合"各位数字不全相同"。

2）求出三位数的各位数字。

3）将拆分后的数字重新组合，用组合出的最大值减去最小值，并得到差值。

4）判断差值是否与拆分前的三位数相等，若相等程序结束，若不相等转到步骤 5。

5）将差值作为新的三位数，重复步骤 2 ～ 4。

上述过程的程序流程如图 6-11 所示。

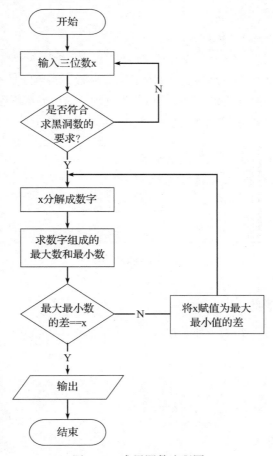

图 6-11　求黑洞数流程图

根据流程图，这个程序有几个组成部分：输入、分解成数字、求能够组成的最大数和最小数、求黑洞数。这次西西船长打算做个团队活动：让大家分头实现，把各个部分都定义成函数。

6.5.3　符合要求的输入

格兰特蕾妮负责输入。她建立了函数 input_3dgt_num()，代码如下：

```
# 输入
def input_3dgt_num():
    while 1:
        # 判断是否输入数值
        try:
            x=int(input("输入一个三位数，三位数字不能全部相同："))
            # 判断是否符合要求
            if  x % 111 !=0 and x > 100 and x < 1000:
                break
        except:
            print('输入不是整数。')
    return x
```

该函数会判断用户输入的是不是整数，如果输入是整数，再判断是不是符合求黑洞数的要求。如果是胡乱输入的，没法转换成整数，则会进行错误处理，输出提示信息"输入不是整数"。

测试一下运行效果，如图 6-12 所示。

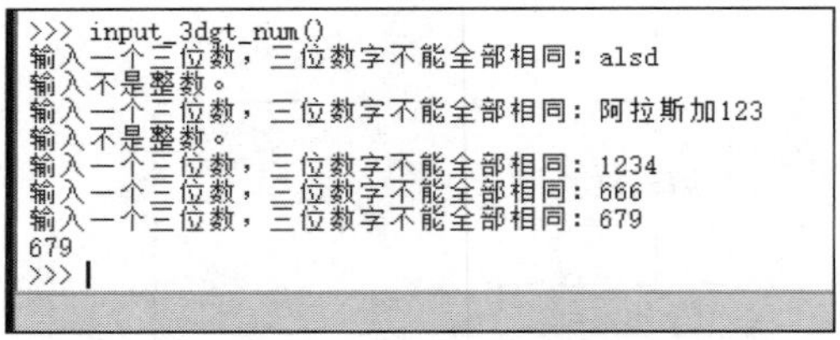

```
>>> input_3dgt_num()
输入一个三位数，三位数字不能全部相同：alsd
输入不是整数。
输入一个三位数，三位数字不能全部相同：阿拉斯加123
输入不是整数。
输入一个三位数，三位数字不能全部相同：1234
输入一个三位数，三位数字不能全部相同：666
输入一个三位数，三位数字不能全部相同：679
679
>>>
```

图 6-12　输入测试

6.5.4　分拆一个整数

克里克里负责拆分一个三位数。他觉得可以做得更通用一点，建立了 to_dgt_lst() 函数，代码如下：

```
# 求整数各位数字
def to_dgt_lst(x):
    N=len(str(x))            # 求一个整数的位数
    dgt=[]                   # 存放数字
    for i in range(N):
        a = x % 10
```

```
        dgt.append(a)
        x = (x-a)//10        # 去掉个位
    return dgt
```

对于输入的整数 x，代码首先求出整数的位数，然后创建了一个列表 dgt 变量用来存放分解出来的数字。使用 for 循环，从个位开始分解。每分解出一个个位数字就存入 dgt 中。然后将个位数去掉继续拆分。该函数不限制一定要输入三位整数，但输入必须是数值。

运行代码进行测试，结果如图 6-13 所示。

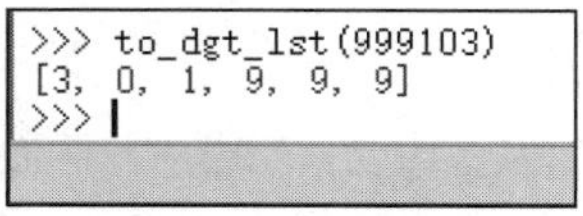

```
>>> to_dgt_lst(999103)
[3, 0, 1, 9, 9, 9]
>>>
```

图 6-13　拆分成数字列表

6.5.5　求能够组成的最大数和最小数

大熊负责求出一串数字能够组成的最大数和最小数。他想了想，还是列表最好用。作为派森号的优秀船员，他也不甘示弱，建立了 big_num() 和 small_num() 两个函数，可以将任何一个列表中的数字组合成最大和最小的整数。代码如下：

```
# 求组成的最大数
def big_num(lst):
    lst.sort()
    N=len(lst)
    x=0
    for i in range(N):
        x += lst[i]*10**i
    return x

# 求组成的最小数
def small_num(lst):
    lst.sort(reverse=True)
    N=len(lst)
    x=0
    for i in range(N):
        x += lst[i]*10**i
    return x
```

函数 big_num() 首先使用列表的 sort() 函数进行排序，默认情况下，sort() 按从小到大进行排序。所以得到的第一个元素是最小的数字，应该放在结果的个位；最后一个元素是最大的数字，应该组合在结果的最高位。对于求最小数的 small_num() 函数，与求最大数的 big_num() 只有一处不同，就是给 sort() 函数传入了 reverse＝True 参数值，这将使得列表的排序结果变成从大到小，结果就是将最大的数字放在个位，将最小的数字放在最高位，得到组成的最小数。

运行程序测试一下，如图 6-14 所示。

```
>>> big_num([3, 0, 1, 9, 9, 9])
999310
>>> small_num([3, 0, 1, 9, 9, 9])
13999
```

图 6-14 列表中的数字组成的最大数和最小数

6.5.6 找出"黑洞数"

西西船长看了大家的作业，非常满意，说："很好，下面我来完成找出黑洞数的任务吧！"她建立了 black_num.py 程序，并将大家的函数都收集在一起，然后完成了求黑洞数的任务。完整代码如下：

```python
# 输入
def input_3dgt_num():
    while 1:
        # 判断是否输入数值
        try:
            x=int(input("输入一个三位数，三位数字不能全部相同："))
            # 判断是否符合要求
            if  x % 111 !=0 and x > 100 and x < 1000:
                break
        except:
            print('输入不是整数。')
    return x


# 求整数各位数字
def to_dgt_lst(x):
    N=len(str(x))                    # 求一个整数的位数
    dgt=[]                           # 存放数字
    for i in range(N):
        a = x % 10
        dgt.append(a)
        x = (x-a)//10                # 去掉个位
    return dgt

# 求组成的最大数
def big_num(lst):
    lst.sort()
    N=len(lst)
    x=0
    for i in range(N):
        x += lst[i]*10**i
    return x
```

```
# 求组成的最小数
def small_num(lst):
    lst.sort(reverse=True)
    N=len(lst)
    x=0
    for i in range(N):
        x += lst[i]*10**i
    return x

# 求黑洞数
def black_hole():
    x=input_3dgt_num()              # 输入
    while 1:
        dgt=to_dgt_lst(x)
        if x==big_num(dgt)-small_num(dgt):
            print(x)
            break
        else:
            x=big_num(dgt)-small_num(dgt)

# 可反复验证
while 1:
    black_hole()
    if 'exit'==input("继续?【输入exit结束】"):
        break
```

　　按黑洞数的定义，在 black_hole() 函数中，西西船长使用了一个 while 循环，只要最大数减去最小数的差与上一次拆分前的数不相等，就说明"重排求差"还可以继续进行下去，黑洞数还没出现，否则就找到了黑洞数，然后就可将它输出并打断循环。

　　为了能够反复验证黑洞数的存在，西西船长又构造了一个 while 循环，只有输入"exit"字符串时循环才会结束。

　　好了，运行程序试一下，结果如图 6-15 所示。

```
输入一个三位数，三位数字不能全部相同: 1235
输入一个三位数，三位数字不能全部相同: 471
495
继续?【输入exit结束】
输入一个三位数，三位数字不能全部相同: 940
495
继续?【输入exit结束】
输入一个三位数，三位数字不能全部相同: 202
495
继续?【输入exit结束】
输入一个三位数，三位数字不能全部相同: 333
输入一个三位数，三位数字不能全部相同: 335
495
继续?【输入exit结束】exit
>>>
```

图 6-15　黑洞数

励志照亮人生　编程改变命运

不出意料，黑洞数真的存在，它是 495。

"黑洞是时空曲率大到光都无法逃脱的天体……"帕格拉星球的长老继续讲。

6.6　转换计数方式

宇宙中不同文明使用了不同的计数方式。比如蓝色星主要使用十进制，拜纳瑞星主要使用二进制计数——只使用 0 和 1 两个数字，计算时采取"逢二进一"的规则。还有更多的星球，它们可能使用各种不同的进制来计数。

为了沟通方便，派森号必须发明一个进制转换器：给定一个 M 进制的数 x，可以立即将 x 表示成任意的另一个非 M 进制的形式。

6.6.1　什么是数制

"我知道，我知道！"洛克威尔说，"这个问题的关键就是数制转换。"

数制可以理解为一种"计数的制度"，一般定义了如下基本概念。

1）基数：在一种数制中，只能使用一组固定的符号来表示数的大小。能使用的不同的符号的数量，就称为该计数制的基数（Base）。比如十进制使用 0 ～ 9 这 10 个不同的符号来表示数，所以十进制的基数为 10；二进制使用 0 和 1 两个符号，所以二进制的基数为 2；十六进制使用 0 ～ 9 和 A、B、C、D、E、F 这 16 个符号来表示数，所以它的基数是 16。

2）权：又称为位权或权值。数的每一个数位都有一个固定大小的基值，称之为权。比如十进制个位的权值为 1（10^0），十位的权值为 10（10^1），百位的权值为 100（10^2）。对于一个 M 进制的数来说，小数点左边（也就是整数部分）各位上对应的权值从右到左（也就是从小到大）分别为基数的 0 次方、基数的 1 次方、基数的 2 次方等，对于小数点右边（即小数部分）各位上对应的权值从左到右分别为基数的 –1 次方、基数的 –2 次方等。比如，二进制数 1001.011 各位上的权如表 6-2 所示。

表 6-2　二进制的位权示例

基数	1	0	0	1	.	0	1	1
权	2^3	2^2	2^1	2^0		2^{-1}	2^{-2}	2^{-3}

6.6.2　数制之间的转换

常见的数制包括十进制、二进制、八进制和十六进制。它们之间转换的基本规则如下：

1. 其他进制向十进制转换

使用"乘权相加"的方法，例如：

$$八进制数（317.5）_8 = 3 \times 8^2 + 1 \times 8^1 + 7 \times 8^0 + 5 \times 8^{-1}$$

2. 十进制转换成二进制、八进制、十六进制

需要将整数部分和小数部分分开考虑。

1）整数部分采取"除基取余"的方法，即除以基数取余数，商若比基数大，就重复"除基取余"，直到商小于基数为止，取余的方向为从后向前。

2）小数部分采取"乘基取整"，即乘以基数取整数，直到小数部分为 0 或者达到要求的精度为止，取整的方向为从前向后。例如：

十进制 1234.5 转换成十六进制时，整数部分：

```
>>> 1234%16
2
>>> 1234//16
77
>>> 77%16
13
>>> 77//16
4
```

整数部分就得到十六进制的 4D2（十六进制用 D 表示十进制 13 的概念）。

小数部分：

```
>>> 0.5*16
8.0
```

最后的结果为：

$$(1234.5)_{10}=(4D2.8)_{16}$$

3. 二进制、八进制、十六进制相互转换

有以下两种方法：

1）先转换成十进制再转换成其他进制。

2）按照对应关系先转换成二进制，再转换成其他进制。对应关系为：三位二进制数对应一位八进制数，四位二进制数对应一位十六进制数。例如，十六进制数 4D2.8 转换成二进制的过程可以用表 6-3 表示。

表 6-3　十六进制转换成八进制示例

十六进制数	4	D	2		.	8
各数位对应的四位二进制	0100	1101	0010		.	1000
二进制数	10011010010.1					
按三个一组重新分组	010	011	010	010	.	100
对应到八进制数位	2	3	2	2	.	4
八进制数	2322.4					

"慢着，我有点晕！"大熊说。

"是有点复杂，不过我不正准备用程序来解决吗？"洛克威尔说。

6.6.3　三合一

我们都比较熟悉十进制，先从十进制与其他进制之间的转换开始是理所当然的。但是这次洛克威尔决定另辟蹊径。他认为八进制和十六进制与二进制之间的互相转换更加适合用计算机来处理，于是他从八进制和二进制的互相转换开始着手研究。

每个八进制数位都与 3 位二进制数固定对应，见表 6-4。

表 6-4　八进制与二进制的数位对应

八进制	0	1	2	3	4	5	6	7
二进制	000	001	010	011	100	101	110	111

既然这样，用函数来实现表 6-4 中所示的关系，就能实现八进制和二进制之间的转换。建立 numerical_system.py 文件，创建函数 oct_to_bin()，代码如下：

```python
# 八进制字符串转二进制字符串
def oct_to_bin(oct_str):
    oct_lst=list(oct_str)
    bin_str=''                    # 存放二进制数字符串
    for dgt in oct_lst:
        if dgt=='0':
            dgt='000'
        elif dgt=='1':
            dgt='001'
        elif dgt=='2':
            dgt='010'
        elif dgt=='3':
            dgt='011'
        elif dgt=='4':
            dgt='100'
        elif dgt=='5':
            dgt='101'
        elif dgt=='6':
            dgt='110'
        elif dgt=='7':
            dgt='111'
        bin_str +=dgt
    return bin_str
```

八进制转二进制思路很简单。使用 bin_str 来存储二进制数字符串。因为需要将每个八进制数字都转换成 3 位二进制数，所以先将八进制数字符串转换为一个列表，再逐个处理每个列表元素，每处理完一个元素就连接到字符串 bin_str 的右边。

试验一下，结果如图 6-16 所示。

```
>>> oct_to_bin('23100.5011')
'010011001000000.101000001001'
>>>
```

图 6-16　八进制转二进制

反过来，二进制向八进制的转换就没有这么简单了。整数部分和小数部分要分开考虑。整数部分从小数点开始，往左每 3 位二进制数分成一组，并转换成对应的八进制数字。如果不足 3 位怎么办呢？这时需要往左补 0，以达到 3 位一组的情形。比如 1101.01，整数部分位 1101，分组时分成 001、101 两组，补了两个 0。而对于小数部分，存在同样的问题，需要向右补 0，形成 3 位一组。根据这一思路，先创建一个 bin_to_oct_dgt() 函数，将 3 的整数倍个二进制转换成八进制字符串，代码如下：

```
#3 位二进制转 1 位八进制
def bin_to_oct_dgt(bin_str):
    """3 位二进制转 1 位八进制 ,bin_str 位数必须为 3 的倍数 """
    if len(bin_str)%3 !=0:
        return
    else:
        oct_str=''
        for i in range(len(bin_str)//3):
            dgt_bin=bin_str[3*i:3*i+3]
            if dgt_bin=='000':
                oct_str+='0'
            elif dgt_bin=='001':
                oct_str+='1'
            elif dgt_bin=='010':
                oct_str+='2'
            elif dgt_bin=='011':
                oct_str+='3'
            elif dgt_bin=='100':
                oct_str+='4'
            elif dgt_bin=='101':
                oct_str+='5'
            elif dgt_bin=='110':
                oct_str+='6'
            elif dgt_bin=='111':
                oct_str+='7'
        return oct_str
```

该函数将 3 位一组的二进制串转换成对应的八进制串。如果参数传入的二进制的位数不是 3 的倍数，函数将返回空值。所以该函数只作为一个辅助函数，接下来才是二进制转八进制的函数 bin_to_oct()，其可以接受二进制小数。代码如下：

```
# 二进制字符串转八进制字符串
def bin_to_oct(bin_str):
    if '.' in bin_str:
        bin_lst = bin_str.split('.')                    # 拆分
        if len(bin_lst[1]) % 3!=0:
            supply_x = 3-len(bin_lst[1]) % 3            # 小数部分补 0 的数
        else:
            supply_x=0
        part_x=bin_lst[1]+'0'*supply_x                  # 小数部分向右补 0
        part_z=bin_lst[0]

        # 转换小数
        bin_str_x=bin_to_oct_dgt(part_x)

    else:                                               # 没有小数
        part_z=bin_str
        bin_str_x=''

    # 转换整数
    if len(bin_lst[0]) % 3!=0:
        supply_z = 3-len(bin_lst[0]) % 3                # 整数部分补 0 的数
    else:
        supply_z = 0
    part_z='0'*supply_z+bin_lst[0]                      # 整数部分向左补 0
    bin_str_z=bin_to_oct_dgt(part_z)

    return bin_str_z+'.'+bin_str_x
```

函数分为有小数点和没小数点两种情况处理。有小数点时，将字符串从小数点处一分为二，分成整数部分 part_z 和小数部分 part_x。先处理小数部分的转换，如果小数长度不是 3 的倍数，就用 0 补齐，然后进行转换。如果待处理的是二进制整数字符串，则同样补齐三位一组后转换。测试一下，结果如图 6-17 所示。

```
>>> bin_to_oct('1101.1101')
'15.64'
>>> bin_to_oct('1000001.111000111010101010111')
'101.70725256'
>>>
```

图 6-17　二进制转八进制

"嗯，我觉得这一系列操作有点儿神奇！"菲菲兔说。

6.6.4　一个变四个

十六进制数的每一个数字，包括符号数字 a、b、c、d、e、f，与二进制之间都有着固定的对应关系，如表 6-5 所示。

表 6-5　十六进制与二进制的数位对应

十六进制	0	1	2	3	4	5	6	7
二进制	0000	0001	0010	0011	0100	0101	0110	0111
十六进制	8	9	a	b	c	d	e	f
二进制	1000	1001	1010	1011	1100	1101	1110	1111

　　与八进制的每个数字对应 3 位二进制数不同，十六进制的每个数字对应 4 位二进制数。程序的算法思路与八进制、二进制之间互相转换类似。首先，创建十六进制转二进制的函数 hex_to_bin()，将每一位十六进制数字转换成 4 位二进制数，只需从左到右逐个转换，并将每次得到的 4 位二进制字符串拼接起来就可以了。代码如下：

```python
# 十六进制字符串转二进制字符串
def hex_to_bin(hex_str):
    hex_str=hex_str.lower()              # 全部转小写
    hex_lst=list(hex_str)
    bin_str=''                           # 存放二进制数字符串
    for dgt in hex_lst:
        if dgt=='0':
            dgt='0000'
        elif dgt=='1':
            dgt='0001'
        elif dgt=='2':
            dgt='0010'
        elif dgt=='3':
            dgt='0011'
        elif dgt=='4':
            dgt='0100'
        elif dgt=='5':
            dgt='0101'
        elif dgt=='6':
            dgt='0110'
        elif dgt=='7':
            dgt='0111'
        elif dgt=='8':
            dgt='1000'
        elif dgt=='9':
            dgt='1001'
        elif dgt=='a':
            dgt='1010'
        elif dgt=='b':
            dgt='1011'
        elif dgt=='c':
            dgt='1100'
        elif dgt=='d':
            dgt='1101'
```

```
        elif dgt=='e':
            dgt='1110'
        elif dgt=='f':
            dgt='1111'
        bin_str +=dgt
    return bin_str
```

接下来，将二进制转十六进制。首先创建一个将 4 位二进制数转换成一位十六进制数字的函数 bin_to_hex_dgt()。代码如下：

```
# 4 位二进制转十六进制位
def bin_to_hex_dgt(bin_str):
    """ 将二进制串 bin_str 转换为十六进制字符串 hex_str"""
    hex_str=''
    for i in range(len(bin_str)//4):
        dgt_bin=bin_str[4*i:4*(i+1)]
        if dgt_bin=='0000':
            hex_str+='0'
        elif dgt_bin=='0001':
            hex_str+='1'
        elif dgt_bin=='0010':
            hex_str+='2'
        elif dgt_bin=='0011':
            hex_str+='3'
        elif dgt_bin=='0100':
            hex_str+='4'
        elif dgt_bin=='0101':
            hex_str+='5'
        elif dgt_bin=='0110':
            hex_str+='6'
        elif dgt_bin=='0111':
            hex_str+='7'
        elif dgt_bin=='1000':
            hex_str+='8'
        elif dgt_bin=='1001':
            hex_str+='9'
        elif dgt_bin=='1010':
            hex_str+='a'
        elif dgt_bin=='1011':
            hex_str+='b'
        elif dgt_bin=='1100':
            hex_str+='c'
        elif dgt_bin=='1101':
            hex_str+='d'
        elif dgt_bin=='1110':
            hex_str+='e'
        elif dgt_bin=='1111':
```

```
                hex_str+='f'
        return hex_str
```

接下来再考虑将二进制字符串转换成十六进制字符串，由于小数部分和整数部分都需要分成 4 个二进制位一组，不足 4 位时需要补 0。所以同样需要将小数部分和整数部分拆开来分别处理。创建 bin_to_hex() 函数，代码如下：

```
# 二进制字符串转十六进制字符串
def bin_to_hex(bin_str):
    if '.' in bin_str:
        bin_lst = bin_str.split('.')              # 拆分
        if len(bin_lst[1]) % 4!=0:
            supply_x = 4-len(bin_lst[1]) % 4      # 小数部分补 0 的数
        else:
            supply_x = 0
        part_x=bin_lst[1]+'0'*supply_x            # 小数部分向右补 0
        part_z=bin_lst[0]                         # 整数部分，后面统一处理

        # 转换小数
        bin_str_x=bin_to_hex_dgt(part_x)

    else:                                         # 没有小数
        part_z=bin_str
        bin_str_x=''

    # 转换整数
    if len(bin_lst[0]) % 4!=0:
        supply_z = 4-len(bin_lst[0]) % 4          # 整数部分补 0 的数
    else:
        supply_z = 0
    part_z='0'*supply_z+bin_lst[0]               # 整数部分向左补 0

    bin_str_z=bin_to_hex_dgt(part_z)

    return bin_str_z+'.'+bin_str_x
```

最后将整数部分、小数部分和小数点拼装起来组成十六进制字符串。

运行函数测试一下，结果如图 6-18 所示。

```
>>> bin_to_hex("101100.110101")
'2c.d4'
>>> bin_to_hex("1011111000101000.1101011000001101")
'be28.d60d'
>>> bin_to_hex("1111001000101000.01101011000001101")
'f228.6b068'
>>>
```

图 6-18　二进制转十六进制

6.6.5 乘权相加

"我还是最喜欢十进制，先来个程序，把其他进制数转换成十进制数吧！"大熊嚷嚷道。

应该怎么做呢？根据 6.6.2 节中的介绍，其他进制转十进制可以统一采用"乘权相加"的方法来处理。想要乘权相加，就要知道待处理的数的各数位上的数字，以及各数位对应的权值。由于我们已经知道二进制和八进制、十六进制之间的转换，所以只要解决其中一种进制与十进制之间的转换就行了。十六进制由于存在字符数字，处理起来稍有点麻烦。所以我们选择计算机计算起来最简单的二进制来与十进制互相转换。

首先考虑二进制转十进制，这需要按如下步骤进行。

1. 分解数位

把一个数分解成各位上的数字，一个比较简单的办法就是把它转换成序列类型，比如字符串或列表。这样就可以逐个处理其中的每一个字符了。例如：

```
>>> n=1001.1
>>> n_str=str(n)
>>> n_str[3]
'1'
>>> n_str[4]
'.'
```

2. 位权的值

位权的值和待处理的数的位数有关，而且整数和小数部分需要分别考虑。假设基数是 M，整数部分和小数部分的位数分别是 Z 和 X，则最大权值是 $M^{(Z-1)}$，最小的权值为 $M^{(-X)}$。例如：二进制数 1010.0011 转换为十进制时，最大权值是 2^3，最小权值是 2^{-4}。

建立函数 bin_to_dec()，代码如下：

```
# 二进制转十进制
def bin_to_dec(bin_str):
    if not is_a_bin(bin_str):                # 过滤非二进制
        return 'not a binary'
    num_dec=0                                # 存放累加和结果
    if '.' in bin_str:                       # 小数
        bin_lst=bin_str.split('.')           # 从小数点分割成两部分
        part_x=bin_lst[1]
        print(bin_lst)
        len_x=len(part_x)                    # 小数部分长度决定最小权值

        # 乘权相加，小数部分
        for i in range(len_x):
            f=int(part_x[i])*2**(-i-1)       # 第 i 位小数的数值
            print("2 的 %d 次方 *%s=%f"%(-i-1,part_x[i],f))
            num_dec += f
```

```
            # 整数部分
            part_z=bin_lst[0]

        else:                                        # 仅有整数部分
            part_z=bin_str

    # 乘权相加，整数部分
    len_z=len(part_z)                                # 整数部分长度决定最大权值
    for i in range(len_z):
        n=int(part_z[i])*2**(len_z-1-i)              # 第 i 位的数值
        print("2 的 %d 次方 *%s=%d"%(len_z-1-i,part_z[i],n))
        num_dec += n                                 # 累加整数部分

    return num_dec
```

二进制转十进制流程如图 6-19 所示。

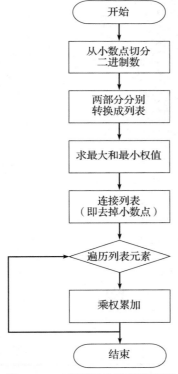

图 6-19　二进制转十进制流程图

为了演示"乘权相加"的过程，代码中保留了一些 print() 语句，仅供参考。程序开头还调用 is_a_bin() 函数，过滤掉传入的非二进制数字符串。函数 is_a_bin() 可以用于其他函数，所以在文件最开头定义，代码如下：

```
# 检查是否为二进制数
def is_a_bin(bin_str):
    bin_lst=list(bin_str)
    if bin_lst.count('.')>1:
        return False
    for b in bin_lst:
        if b not in ('0','1','.'):
            return False
    return True
```

运行程序，测试 bin_to_dec() 函数，结果如图 6-20 所示。

```
>>> bin_to_dec('101010101.1111101')
['101010101', '1111101']
2的-1次方*1=0.500000
2的-2次方*1=0.250000
2的-3次方*1=0.125000
2的-4次方*1=0.062500
2的-5次方*1=0.031250
2的-6次方*0=0.000000
2的-7次方*1=0.007812
2的8次方*1=256
2的7次方*0=0
2的6次方*1=64
2的5次方*0=0
2的4次方*1=16
2的3次方*0=0
2的2次方*1=4
2的1次方*0=0
2的0次方*1=1
341.9765625
>>> bin_to_dec('101010101')
2的8次方*1=256
2的7次方*0=0
2的6次方*1=64
2的5次方*0=0
2的4次方*1=16
2的3次方*0=0
2的2次方*1=4
2的1次方*0=0
2的0次方*1=1
341
>>> bin_to_dec('0.1111101')
['0', '1111101']
2的-1次方*1=0.500000
2的-2次方*1=0.250000
2的-3次方*1=0.125000
2的-4次方*1=0.062500
2的-5次方*1=0.031250
2的-6次方*0=0.000000
2的-7次方*1=0.007812
2的0次方*0=0
0.9765625
>>>
```

图 6-20　二进制转十进制示例

图 6-20 所示分别演示了二进制整数和小数通过“乘权相加”转换成十进制的过程。如果输入非二进制数，会有提示信息，如图 6-21 所示。

```
>>> bin_to_dec('1.23')
'not a binary'
>>>
```

图 6-21　非二进制判断

"我现在对二进制一点儿也不害怕了，因为它一下子就可以转变成十进制，而且整个过程一目了然！"大熊说。

6.6.6　十进制转换成二进制

十进制向二进制的转换也要分成整数部分和小数部分分别考虑。因为十进制整数变二进制采取"除 2 取余"，而十进制纯小数变二进制采取的是"乘 2 取整"，两种方法完全不同，所以碰到十进制小数要转换成二进制时，首先将它从小数点处拆开。拆开之前还要先判断一下输入的字符串是不是一个十进制数字符串。程序流程如图 6-22 所示。

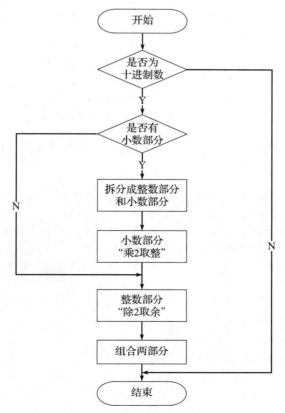

图 6-22　十进制转二进制流程图

按照上面的流程，首先建立一个用于判断是否为十进制数的辅助函数 is_a_decimal()，代码如下：

```
# 是否是十进制数
def is_a_decimal(dec_str):
    # 最多只能有一个小数点
    dec_lst=list(dec_str)
    for d in dec_lst:
        if d not in tuple('1234567890.'):
            return False
    if dec_lst.count('.')>1:
        return False
    return True
```

简单解释一下：先将字符串转换成列表。判断列表中的每个字符是否都在 0 ～ 9 和 "." 这十一个符号中，然后判断列表中是否只有一个小数点。测试一下，结果如图 6-23 所示。

```
>>> is_a_decimal('13.4')
True
>>> is_a_decimal('13.4.')
False
>>> is_a_decimal('13.4e')
False
>>>
```

图 6-23　判断是否为十进制数

接着建立 dec_to_bin() 函数，过滤非十进制输入，然后按照流程，对小数部分 "乘 2 取整"，对整数部分 "除 2 取余"。代码如下：

```
# 十进制转二进制
def dec_to_bin(dec_str):
    if not is_a_decimal(dec_str):
        return 'not a decimal'
    if '.' in dec_str:                      # 小数
        dec_lst=dec_str.split('.')          # 从小数点处分割成两部分
        if dec_lst[0]:
            part_z=dec_lst[0]
        else:
            part_z='0'
        part_x=dec_lst[1]
        print(dec_lst)

        # 小数部分，乘 2 取整，精确到小数点后 8 位
        bin_x_str=''                        # 存放小数部分结果
```

```
            x_num=eval('0.'+part_x)              # 小数部分数值形式
            for i in range(8):
                b=int(x_num*2)                   # 整数部分
                bin_x_str +=str(b)               # 拼接成二进制形式
                x_num=x_num*2-b                  # 小数部分
                print(x_num,b)                   # 显示小数部分和整数部分
                if x_num==0:                     # 如果 x_num 为 0，则表示不到 8 位小数就已经是精确值了
                    break
            if x_num!=0:                         # 如果 8 位仍不精确，显示一个省略号
                bin_x_str += '...'
            #print(bin_x_str)
        else:                                    # 整数
            part_z=dec_str
            bin_x_str=''                         # 小数部分没有


        # 整数部分，除 2 取余
        bin_z_str=''                             # 存放整数部分结果
        z_rest=0                                 # 余数
        z_num=int(part_z)                        # 除数
        while z_num>0:
            b=z_num % 2                          # 余数
            z_num=z_num // 2                     # 商
            bin_z_str +=str(b)                   # 拼接成二进制形式
            print(z_num,b)                       # 显示商和余数
        # 字符串反向
        bin_z_list=list(bin_z_str)
        bin_z_list.reverse()
        bin_z_str=''.join(bin_z_list)
        print(bin_z_str)


        if bin_x_str:
            return bin_z_str+'.'+bin_x_str
        else:
            return bin_z_str
```

代码有点长，不过注释也很多。有几个地方需要说明一下：

1）对小数部分的"乘 2 取整"：不是每次最后都能使得小数部分变为 0，所以设定一个小数的精度，这里设为小数点后 8 位，超过 8 位的用省略号代替。该过程使用了 for 循环，只做 8 次"乘 2 取整"，每次得到一个整数部分和一个纯小数部分。整数部分直接拼接成二进制形式，纯小数部分参与下一次循环。

2）对整数部分的"除 2 取余"：使用了 while 循环，每次将整数除以 2，得到商和余数两部分。余数先拼接成字符串，商进入下一轮循环。最后需要将所得余数字符串顺序反向，因为最先

得到的是整数部分的最低位，最后得到的是最高位。

运行程序，测试一下这个函数，结果如图 6-24 所示。

```
>>> dec_to_bin('1234')
617 0
308 1
154 0
77 0
38 1
19 0
9 1
4 1
2 0
1 0
0 1
10011010010
'10011010010'
>>> dec_to_bin('.78')
['', '78']
0.56 1
0.1200000000000001 1
0.2400000000000002 0
0.4800000000000004 0
0.9600000000000009 0
0.9200000000000017 1
0.8400000000000034 1
0.6800000000000068 1

'.11000111...'
```

```
>>> dec_to_bin('123.78')
['123', '78']
0.56 1
0.1200000000000001 1
0.2400000000000002 0
0.4800000000000004 0
0.9600000000000009 0
0.9200000000000017 1
0.8400000000000034 1
0.6800000000000068 1
61 1
30 1
15 0
7 1
3 1
1 1
0 1
1111011
'1111011.11000111...'
>>> dec_to_bin('12e.f')
'not a decimal'
>>> |
```

图 6-24　十进制转二进制

结果演示了十进制转二进制的过程。

6.6.7　以二进制为桥梁

"如果想要将十进制转换成八进制或者十六进制怎么办呢？"大熊在想是不是也要编写两个复杂的函数才行。

克里克里说："不用再编写新的函数了。只需要将十进制先转换成二进制，再从二进制转换成八进制或十六进制就行了。"

"既然这样，二进制、八进制、十进制、十六进制之间互相转换就都没有问题了。"克里克里说完，建立了一个程序 num_sys_x.py，代码如下：

```python
import numerical_system
# 输入基数
while 1:
    num_base=input("请输入进制的基数：")
    if num_base in ('2','8','10','16'):
        break
    else:
        print('请输入 2、8、10 或 16')

# 输入数
while 1:
    num_str=input('请输入 '+num_base+' 进制数：')
    if num_base=='2' and numerical_system.is_a_bin(num_str):
```

```
            break
        elif num_base=='8' and numerical_system.is_a_oct(num_str):
            break
        elif num_base=='10' and numerical_system.is_a_decimal(num_str):
            break
        elif num_base=='16' and numerical_system.is_a_hex(num_str):
            break

# 进制转换
if num_base=='2':
    dec_str=numerical_system.bin_to_dec(num_str)
    oct_str=numerical_system.bin_to_oct(num_str)
    hex_str=numerical_system.bin_to_hex(num_str)
    print(' 二进制数 ',num_str)
    print(' 转换成十进制为 ',dec_str)
    print(' 转换成八进制为 ',oct_str)
    print(' 转换成十六进制为 ',hex_str)
elif num_base=='8':
    # 先转换成二进制，再从二进制转换为其他进制
    bin_str=numerical_system.oct_to_bin(num_str)
    dec_str=numerical_system.bin_to_dec(bin_str)
    hex_str=numerical_system.bin_to_hex(bin_str)
    print(' 八进制数 ',num_str)
    print(' 转换成二进制为 ',bin_str)
    print(' 转换成十进制为 ',dec_str)
    print(' 转换成十六进制为 ',hex_str)
elif num_base=='16':
    # 先转换成二进制，再从二进制转换为其他进制
    bin_str=numerical_system.hex_to_bin(num_str)
    dec_str=numerical_system.bin_to_dec(bin_str)
    oct_str=numerical_system.bin_to_oct(bin_str)
    print(' 十六进制数 ',num_str)
    print(' 转换成二进制为 ',bin_str)
    print(' 转换成十进制为 ',dec_str)
    print(' 转换成八进制为 ',oct_str)
elif num_base=='10':
    # 先转换成二进制，再从二进制转换为其他进制
    bin_str=numerical_system.dec_to_bin(num_str)
    hex_str=numerical_system.bin_to_hex(bin_str)
    oct_str=numerical_system.bin_to_oct(bin_str)
    print(' 十进制数 ',num_str)
    print(' 转换成二进制为 ',bin_str)
    print(' 转换成十六进制为 ',hex_str)
    print(' 转换成八进制为 ',oct_str)
```

　　首先，引入 numerical_system 模块。然后获取用户输入：先输入基数，再输入该数制下的数。使用 while 循环来进行输入正确性验证，验证都通过了，就进行数制之间的转换。转换的过程就是

调用 numerical_system 模块中定义好的函数。

运行程序，结果如图 6-25 所示。

```
请输入进制的基数：2
请输入2进制数：1110001.0101
['1110001', '0101']
2的-1次方*0=0.000000
2的-2次方*1=0.250000
2的-3次方*0=0.000000
2的-4次方*1=0.062500
2的6次方*1=64
2的5次方*1=32
2的4次方*1=16
2的3次方*0=0
2的2次方*0=0
2的1次方*0=0
2的0次方*1=1
二进制数 1110001.0101
转换成十进制为 113.3125
转换成八进制为 161.24
转换成八进制为 71.5
>>>
```

a）

```
请输入进制的基数：8
请输入8进制数：123.4567
['001010011', '100101110111']
2的-1次方*1=0.500000
2的-2次方*0=0.000000
2的-3次方*0=0.000000
2的-4次方*1=0.062500
2的-5次方*0=0.000000
2的-6次方*1=0.015625
2的-7次方*1=0.007812
2的-8次方*0=0.003906
2的-9次方*0=0.000000
2的-10次方*1=0.000977
2的-11次方*1=0.000488
2的-12次方*1=0.000244
2的8次方*0=0
2的7次方*0=0
2的6次方*1=64
2的5次方*0=0
2的4次方*1=16
2的3次方*0=0
2的2次方*0=0
2的1次方*1=2
2的0次方*1=1
八进制数 123.4567
转换成二进制为 001010011.100101110111
转换成十进制为 83.591552734375
转换成十六进制为 053.977
```

b）

```
请输入进制的基数：16
请输入16进制数：10abc.ef8
['00010000101010111100', '111011111000']
2的-1次方*1=0.500000
2的-2次方*1=0.250000
2的-3次方*1=0.125000
2的-4次方*0=0.000000
2的-5次方*1=0.031250
2的-6次方*1=0.015625
2的-7次方*1=0.007812
2的-8次方*1=0.003906
2的-9次方*1=0.001953
2的-10次方*0=0.000000
2的-11次方*0=0.000000
2的-12次方*0=0.000000
2的19次方*0=0
2的18次方*0=0
2的17次方*0=0
2的16次方*1=65536
2的15次方*0=0
2的14次方*0=0
2的13次方*0=0
2的12次方*0=0
2的11次方*1=2048
2的10次方*0=0
2的9次方*1=512
2的8次方*0=0
2的7次方*1=128
2的6次方*0=0
2的5次方*1=32
2的4次方*1=16
2的3次方*1=8
2的2次方*1=4
2的1次方*0=0
2的0次方*0=0
十六进制数 10abc.ef8
转换成二进制为 00010000101010111100.111011111000
转换成十进制为 68284.935546875
转换成八进制为 0205274.7370
>>>
```

c）

```
请输入进制的基数：10
请输入10进制数：12a
请输入10进制数：123.456
['123', '456']
0.912 0
0.8240000000000001 1
0.6480000000000001 1
0.2960000000000026 1
0.5920000000000005 0
0.1840000000000105 1
0.3680000000000021 0
0.7360000000000042 0
61 1
30 1
15 0
7 1
3 1
1 1
0 1
1111011
十进制数 123.456
转换成二进制为 1111011.01110100
转换成十六进制为 7b.74
转换成八进制为 173.350
>>>
```

d）

图 6-25　进制互转示例

"有意思！"大熊试了几次后笑着说。

这次的数制转换其实是根据各数制之间转换的规则进行了字符串的变换，其中用到了字符串、列表等的一些性质。其实 Python 自己有一套纯数学的进制转换函数，有兴趣的话，大家可以自己查阅一下。

6.7 牛顿迭代法

"派森号"的许多任务都会用到解非线性方程的步骤。比如方程 $ax^3 + bx^2 + cx + d = 0$，对于任意的系数 a、b、c、d，需要求出变量 x 的一个实根。大伙儿都觉得有必要为解方程这件事编写一个程序。

6.7.1 什么是牛顿迭代法

"我先给大家介绍一下什么是牛顿迭代法吧！"菲菲兔说。

牛顿迭代法是解方程的一个常用方法，其几何意义如图 6-26 所示。

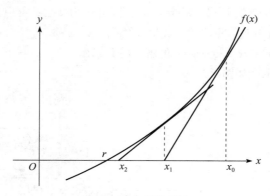

图 6-26　牛顿迭代法

假设 r 是方程 $f(x)=0$ 的真实解，即曲线与 x 轴的交点的横坐标。初始时并不知道这个交点在哪里。所以任意选取 x_0 作为 r 的初始近似值，可以求得 $f(x_0)$ 的值，一般选接近 1 的实数作为 x_0。过点 $(x_0, f(x_0))$ 作曲线 $y=f(x)$ 的切线，该切线记作 L。L 的方程为 $y=f(x_0)+f'(x_0)(x-x_0)$，其中 $f'(x_0)$ 为 $f(x_0)$ 的导数，可以看成是切线 L 的斜率。当 $y=0$ 时，L 与 x 轴的交点横坐标 $x=x_0-\dfrac{f(x_0)}{f'(x_0)}$。求出 L 与 x 轴交点的横坐标 $x_1=x_0-f(x_0)/f'(x_0)$，称 x_1 为 r 的一次近似值。过点 $(x_1, f(x_1))$ 再次作曲线 $y=f(x)$ 的切线，并求该切线与 x 轴的横坐标 $x_2=x_1-f(x_1)/f'(x_1)$，称 x_2 为 r 的二次近似值。不断重复以上过程，得到 r 的近似值 x_n。迭代次数 n 越大，x_n 越接近 r。这个过程即为牛顿迭代法的求解过程。

这个法子据说是著名科学家牛顿想出来的，所以就叫作牛顿迭代法。

"虽然我们没听懂你说的牛顿迭代法，但是既然这样做可以求解方程，那我们就按部就班地编写程序吧！"大家说。

6.7.2 算法分析

根据牛顿迭代法的步骤，菲菲兔设计了以下算法：

1）首先，估计一个实数作为近似解，记作 x_0，例如取 $x_0 = 1.5$。

2）将 x_0 代入方程 $ax^3 + bx^2 + cx + d = 0$ 中计算此时的 $f(x_0)$ 及 $f'(x_0)$。其中，

$$f(x) = ax^3 + bx^2 + cx + d$$
$$f'(x) = 3ax^2 + 2bx + c$$

程序中可用变量 f 表示 $f(x_0)$ 的值，用 f_d 表示 $f'(x_0)$ 的值。$f'(x) = 3ax^2 + 2bx + c$ 由求导公式得出，目前大家暂不需要理解该公式的推导过程。这属于大学知识点。

3）利用公式 $x = x_0 - \dfrac{f(x_0)}{f'(x_0)}$ 来产生下一个新的近似值 x，即 $x = x_0 - f/f_d$。

4）如果 $|x - x_0| < 10^{-5}$，即两次得到的近似解之差的绝对值已经小于一个很小的数。说明新得到的近似值 x 与前一次的近似值 x_0 已经相差不大，则可认为 x 已经可以作为方程的解了，转到步骤 5。否则，需要将 x 赋值给 x_0，并转到第 2 步继续执行。

5）所求 x 就是方程 $ax^3 + bx^2 + cx + d = 0$ 的解，将其输出。

上述过程用流程图表示，如图 6-27 所示。

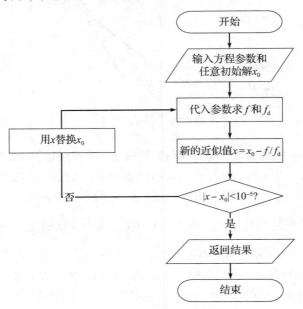

图 6-27　牛顿迭代法流程图

流程的主要结构是一个循环，当然也可以用循环结构来解决。但是菲菲兔不打算这么干。

6.7.3　递归实现牛顿迭代

"这个算法中有很浓郁的迭代思想，当然用递归来解决了。"菲菲兔说完建立了一个 Python 文件 newton_raphson_demo.py，并创建了 n_r() 函数，代码如下：

```
def n_r(factor,x0):
    f=factor[0]*x0**3+factor[1]*x0**2+factor[2]*x0+factor[3]
    fd=3*factor[0]*x0**2+2*factor[1]*x0+factor[2]
    x=x0-f/fd
    if not abs(x-x0)<10**-5:      # 如果 x 和 x0 的值还不够接近
        return n_r(factor,x)      # 则继续迭代
    return x                      # 返回结果
```

函数 n_r() 接受两个参数，第一个 factor 是一元三次方程的 4 个参数组成的元组或列表，第二个参数 x0 是初始估计值。首先计算 f 和 fd 的值，然后求出新的估计值 x。如果 x – x0 的绝对值还没有小于一个很小的数（这里取 10^{-5}），则需要继续迭代，只需要用新的估计值 x 去调用函数本身就可以了。如果 x – x0 的绝对值已经小于 10^{-5}，则不再迭代，这时就返回 x 作为方程 $ax^3 + bx^2 + cx + d = 0$ 的最终解。

接下来试验一下这个函数。在程序中添加调用代码：

```
# 测试
factor=(2,6,7,-18)
print(' 求方程 %dx**3+%dx**2+%dx+%d=0 的解：'%(factor[0],factor[1],factor[2],factor[3]))

print(n_r(factor,1.5))

print(n_r(factor,-5))

print(n_r(factor,0.1))
```

我们分别采用了 1.5、–5 和 0.1 作为估计解的初始值，运行后结果如图 6-28 所示。

```
求方程2x**3+6x**2+7x+-18=0的解：
1.1136794276583315
1.1136794276581916
1.1136794276580402
>>>
```

图 6-28　牛顿迭代法解方程示例

"请原谅这个蹩脚的输出。不过你们发现没有，虽然初始估计值不同，但是经过牛顿迭代，得到的最终解却相当接近！"菲菲兔说。

6.8 星际选美大赛

美丽的蓝色星正在举办星际选美大赛。在大赛中，有 10 个评委为参赛的选手评分，最低 1 分，最高 100 分。为公平起见，选手最后得分需要做一些处理：去掉一个最高分和一个最低分后，其余的 8 个分数的平均值将作为综合评分。

6.8.1 最高分和最低分

"首先，去掉最高分和最低分，那就是求最大值和最小值的问题呀！"克里克里将问题分开来考虑。

求一组数中的最大值和最小值是程序设计中的一类常见问题，这类问题的算法很简单。先说求最大值：以 5 个数为例，比较过程如表 6-6 所示。首先定义一个变量 max 用以存储最大值。然后，将第一个数赋值给 max 作为初值，即一开始认为第一个数就是最大值，如 max=80。接着，用 max 和第二个数进行比较，发现 max>66，则最大值不变还是 80，接着 max 再与第三个数进行比较，max<85，则将 max 赋值为 85。以此类推，直到完成 max 和所有数的比较。

表 6-6　比较过程

数值　评分项 比较次数	max	评分 1	评分 2	评分 3	评分 4	评分 5
	80	80	66	85	83	89
第一次	80	max=80	—	—	—	—
第二次	80	—	max>66	—	—	—
第三次	85	—	—	max<85	—	—
第四次	85	—	—	—	max>83	—
第五次	89	—	—	—	—	max<89

比较完之后 max 的值为 89，是所给评分中的最大值。如果需要从 n 个数中找出最大值，只需使用同样的方法遍历所有的 n 个数即可。程序流程如图 6-29 所示。

对于最小值，同样假定变量 min 的初值就是最小值，然后遍历所有的数值，与 min 比较并将更小的数赋值给 min。

"就这么办！"克里克里根据自己的分析实现了两个函数 max 和 min，保存在文件 mark_tools.py 中，代码如下：

```
def max(seq):
    '求序列 seq 的最大值'
    max=seq[0]
    for i in seq:
        if i>max:max=i
    return max

def min(seq):
    '求序列 seq 的最小值'
```

```
min=seq[0]
for i in seq:
    if i<min:min=i
return min
```

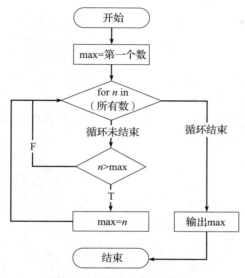

图 6-29　求最大值的流程图

运行程序，分别调用 max() 和 min() 函数，结果如图 6-30 所示。

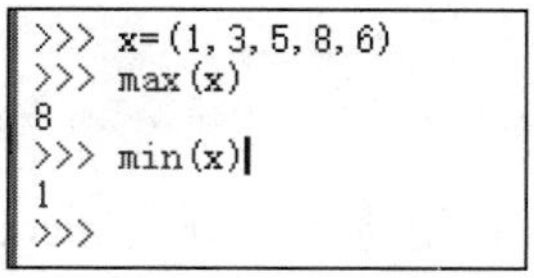

```
>>> x=(1,3,5,8,6)
>>> max(x)
8
>>> min(x)
1
>>>
```

图 6-30　求最大值和最小值示例

6.8.2　最终得分

除了去掉最高分和最低分以外，还得求剩下的评委分数的平均数，才能得到最终得分。

"求平均数容易！我来写一个函数。"大熊自告奋勇要来试一试。他在文件中添加了一个新的函数，叫作 ave，代码如下：

```
def ave(seq):
    sum=0
    for i in seq:
        sum+=i
    return sum/len(seq)
```

　　首先定义一个变量 sum，初值为 0，然后将所有的数加在 sum 上，得到全部数的和，再除以 len(seq)，即 seq 中数的个数，就得到平均数。运行程序试验一下，结果如图 6-31 所示。

```
>>> x=[1,2,3,4,5,6,7,8,9,0]
>>> ave(x)
4.5
>>> |
```

图 6-31　求平均数运行结果

　　"不错！假如根据评分规则，需要从所有的 100 个评分中去掉最大和最小的两个数，剩下的再求平均值，这怎么办？"大熊觉得似乎不够完美。

　　"可以从序列中先去掉最大数和最小数再来求平均数。"克里克里说。于是他写了最终计算选手得分的程序 mark_final.py，代码如下：

```python
import mark_tools
# 得到评分
marks=[]
for i in range(10):
    marks.append(float(input("请打分【0-100】: ")))

max_mark=mark_tools.max(marks)
min_mark=mark_tools.min(marks)

marks.remove(max_mark)
marks.remove(min_mark)

final_mark=mark_tools.ave(marks)

print(' 去掉一个最高分 %.2f, 去掉一个最低分 %.2f, 选手最后得分 %.2f'%(max_mark,min_mark,final_mark))
```

　　首先，引入 mark_tools 模块。然后创建一个列表 marks，用来存储评委的评分。然后求出 marks 中的最大值和最小值，也就是最高分和最低分。然后使用列表的 remove() 方法去掉其中的最大值和最小值。剩下的分数求平均值。运行后结果如图 6-32 所示。

```
请打分【0-100】: 56
请打分【0-100】: 56.7
请打分【0-100】: 88.9
请打分【0-100】: 65.4
请打分【0-100】: 77
请打分【0-100】: 88
请打分【0-100】: 99
请打分【0-100】: 22
请打分【0-100】: 34
请打分【0-100】: 56.98
去掉一个最高分99.00，去掉一个最低分22.00，选手最后得分65.37
>>>
```

图 6-32　评分结果示例

　　"这位选手得分不怎么乐观啊！"大熊说。

6.8.3 最不公平的评委

选美大赛中这么多评委评分，总有那么几位眼光独特、特立独行的，打出与平均值偏差较大的分数。假如大熊想从 10 000 个评委中找出评分最公平（即评分最接近平均分）和最不公平（即与平均分的差距最大）的评委，他该怎么做呢？

"在求出平均值后，将它与所有评分进行比较，就可以得到与平均值之差绝对值最大和最小的那些评分。"克里克里想了一会儿说，"关键是还要找到这些评委是谁！"

先来讨论最不公平的评委。这个很简单，因为最不公平的评委一定在评分最高和评分最低的评委中产生，只需要比较哪一个偏离平均分更多即可。流程如图 6-33 所示。

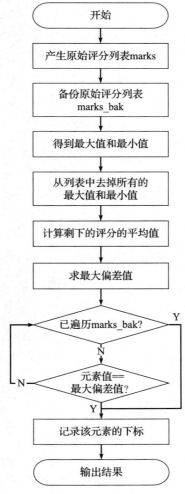

图 6-33　求最大偏见的评委流程图

参考流程图，克里克里建立了一个文件，保存为 bias.py，代码如下所示：

```python
import mark_tools
import random
# 模拟评分
marks=[]
for i in range(10000):
    marks.append(random.randrange(100,1001))

marks_bak=marks.copy()      # 保留原始列表

max_mark=mark_tools.max(marks)
min_mark=mark_tools.min(marks)

i=0                         # 统计最高分的个数
j=0                         # 统计最低分的个数
while max_mark in marks:
    marks.remove(max_mark)
    i+=1

while min_mark in marks:
    marks.remove(min_mark)
    j+=1

final_mark=mark_tools.ave(marks)

print(' 去掉 %d 个最高分 %.2f，去掉 %d 个最低分 %.2f，当前选手最后得分 %.2f'%(i,max_mark,j,
    min_mark,final_mark))

# 最大偏差
if final_mark-min_mark<max_mark-final_mark:
    max_bias=max_mark
else:
    max_bias=min_mark
print(max_bias,' 是最大偏差值。与选手最终得分相差 %.2f 分。'%abs(final_mark-max_bias))

# 找到评分为 max_bias 的评委序号
max_bias_index=[]
for k in range(len(marks_bak)):
    if marks_bak[k]==max_bias:
        max_bias_index.append(k)

print(" 最不公平的评委编号是： ",max_bias_index)
```

首先，按照选美大赛的规矩，去掉所有的最高分和最低分，然后求出平均值。这与以前没有什么不同。为了使随机产生的评分差异更大，更便于观察，代码中将分数范围更改为 100 至 1000。

接下来，需要判断最大偏差值是最高分还是最低分。使用一个条件语句判断后，输出最大偏差。

最后，要找到产生这些最大偏差的评委的编号。使用一个 for 循环，变量 k 作为下标，当该下标对应的元素值等于最大偏差值时，将 k 添加到一个列表中存储。值得注意的是，由于求的是原始评分列表中的下标，所以在代码中，调用 remove() 函数移除那些最大值和最小值之前，需要将原始的评分列表 marks 复制一份备用，记作 marks_bak。

运行程序，结果如图 6-34 所示。

```
去掉10个最高分1000.00，去掉14个最低分100.00，当前选手最后得分548.51
1000 是最大偏差值。与选手最终得分相差451.49分。
最不公平的评委编号是： [313, 635, 4322, 4813, 7075, 7337, 8466, 8617, 9289, 9441]
```

图 6-34　最不公平的评委编号示例

在 Shell 中验证一下这些编号的评委评分：

```
>>> for i in max_bias_index:
    print(marks_bak[i])


1000
1000
1000
1000
1000
1000
1000
1000
1000
1000
>>>
```

"没错！这些家伙打的分数简直太离谱了！"大熊嚷嚷道。

6.8.4　最没偏见的评委

那些最没偏见、最公正的评委打出的分数与选手最终得分差值最小，甚至与最终评分一样。

"首先，要知道每个评分与平均分的差值。然后从这些差值中找到最小的一个……还是画个流程图看看吧！"克里克里喜欢用流程图说明问题，他的流程图如图 6-35 所示。

说干就干，克里克里建立了 fair.py 文件来实现上述流程图。首先仍然是先求出最终得分，代码如下：

```
import mark_tools
import random
# 模拟评分
marks=[]
for i in range(10000):
    marks.append(random.randrange(100,1001))

marks_bak=marks.copy()    # 保留原始列表
```

```
max_mark=mark_tools.max(marks)
min_mark=mark_tools.min(marks)

i=0                          # 统计最高分的个数
j=0                          # 统计最低分的个数
while max_mark in marks:
    marks.remove(max_mark)
    i+=1

while min_mark in marks:
    marks.remove(min_mark)
    j+=1

final_mark=mark_tools.ave(marks)

print(' 去掉 %d 个最高分 %.2f，去掉 %d 个最低分 %.2f，当前选手最后得分 %.2f'%(i,max_mark,j,
    min_mark,final_mark))
```

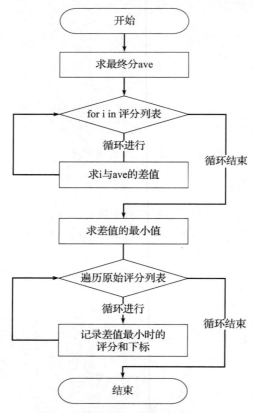

图 6-35　求最公正的评委编号流程图

然后求最小偏差时的评分编号，添加代码如下：

```
# 求最小偏差
divs=[]
for mark in marks:
    divs.append(abs(mark-final_mark))
min_div=mark_tools.min(divs)
print('%.2f 是最小偏差值。'%min_div)
```

接下来找到所有评委中最公正的，也就是产生最小偏差的评分，代码如下：

```
# 最公正的评委编号
fair_index=[]
deviation=0.1                          # 误差定为 0.1
for k in range(len(marks_bak)):
    div=abs(marks_bak[k]-final_mark)
    if abs(div-min_div)<deviation:     # 考虑误差
        fair_index.append(k)
print(" 最公平的评委编号是：",fair_index)
```

代码中要说明的一点是误差的问题。因为计算分值差时会有小数位的误差，所以在判断各个评分与最终评分的分值误差是否等于最小偏差时，不能用"=="来判断是否相等，而要采用两者差的绝对值小于某个误差值的策略。

运行程序，显示最公平的评委编号，如图 6-36 所示。

```
去掉11个最高分1000.00，去掉15个最低分100.00，当前选手最后得分552.56
0.44是最小偏差值。
最公平的评委编号是：[165, 603, 2540, 3587, 4248, 5416, 5830, 6069, 6468, 7780,
8374, 8463]
```

图 6-36　评分最公平的评委编号

"能不能验证一下，这些评委到底打出的是不是最公平的分数呢？"大熊问。

"没问题！"克里克里添加了一段代码来展示这些评委的打分，添加的代码如下：

```
# 验证最公平评分
for i in fair_index:
    print(marks_bak[i])
```

再次运行程序，结果如图 6-37 所示。

```
去掉17个最高分1000.00，去掉12个最低分100.00，当前选手最后得分548.08
0.08是最小偏差值。
最公平的评委编号是：[1185, 1738, 2269, 3075, 3631, 5682, 6919]
548
548
548
548
548
548
548
>>>
```

图 6-37　最公平的评委及其评分

"这些评委的 548 分与选手的最终评分相差不到 0.1，可以说是很准确了啊！"大熊称赞道。

"如果放大误差值，可以找到更多评分公平的评委哟！"克里克里说着将 deviation 改为 1，再次运行程序，结果如图 6-38 所示。

```
去掉16个最高分1000.00，去掉11个最低分100.00，当前选手最后得分551.17
0.17是最小偏差值。
最公平的评委编号是： [657, 687, 1058, 1679, 2676, 3059, 3121, 3206, 5040, 5635,
5810, 6230, 6538, 6805, 7403, 7655, 7719, 7816, 8084, 8720, 9457, 9937]
552
551
551
552
552
552
551
552
551
551
552
551
551
552
552
551
552
552
552
>>>
```

图 6-38　更多公平的评委

6.9　二分法查找

派森号完成的每一次任务都被记录在一张卡片上，并一一编上了日期。时间一长，不知不觉已经积累了很多卡片。今天西西船长突然急着想要从 N 张卡片中找到一张重要的卡片，它完成的日期是 m。好在任务卡片是按完成时间从前到后排列好的。西西船长决定用二分法来查找。

6.9.1　大事化小

"什么是二分查找法？"大伙儿问西西船长。

船长告诉大家：二分查找法也叫折半查找法，是"分治算法"的一种。分治的意思是分而治之，即将较大规模的问题分解成几个较小规模的子问题，这些子问题互相独立且与原问题相同，通过对较小规模问题的求解达到对整个问题的求解。将问题分解成两个较小规模的子问题求解，就称为二分法。需要注意的是，二分查找法只适用于有序序列。

二分查找法的基本思路是：每次查找前先确定序列中待查的范围，假设以变量 low 和 high 分别表示待查范围的下界和上界，变量 mid 表示区间的中间位置，即 mid＝（ low＋high ）//2，将查找的目标 m 与中间位置 mid 所对应元素的值进行比较。如果 m 的值大于中间位置元素的值，则可以

确定 m 在 mid 和 high 的范围内，并将下一次的查找范围放在中间位置 mid 之后的元素中；反之，下一次的查找范围放在中间位置之前的元素中。直到 m 等于 mid 所对应的元素值或 low > high 时查找结束。二分查找的思路如图 6-39 所示。

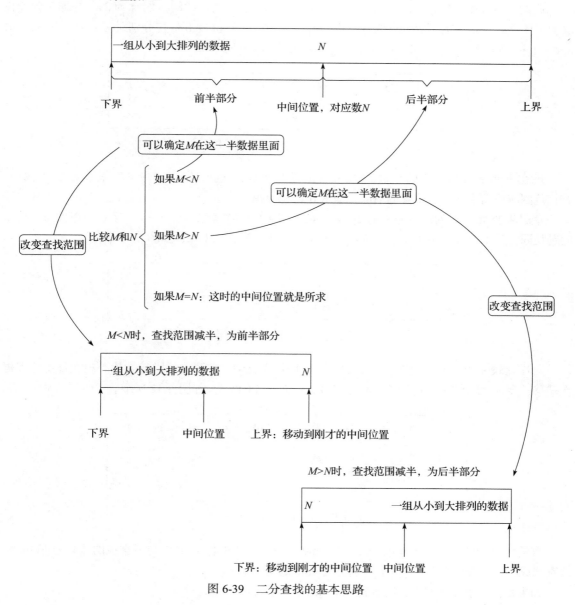

图 6-39　二分查找的基本思路

"这样说起来可能有点抽象，"西西船长说，"我来给大家举个例子吧。"

6.9.2 二分查找的过程

我们用以下的一组数据为例来描述二分查找的过程。

假设一组有序数列为：6 14 19 21 37 57 65 76 81 89 92，要查找的整数 m 为 21。根据二分查找法的思路，查找范围的下界 low 为 0，上界 high 为 10，low 和 high 最初分别对应元素 6 和 92。由 mid＝(low＋high)//2 知，mid＝5，对应元素 57。如图 6-40 所示。

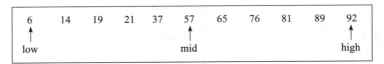

图 6-40　有序数列的查找范围

现在将变量 m 所代表的整数 21 与 mid 位置的元素 57 进行比较，21＜57，根据二分查找法，查找范围应该缩小到 mid 位置的前面，即从 6 到 37 的范围。

这时将变量 high 的值由原来的 10 变为 mid－1＝4。问题就变成在前半个序列中查找 m，与原问题相同，只不过规模小了一半。接着重新计算 mid 的值，mid＝2，如图 6-41 所示。

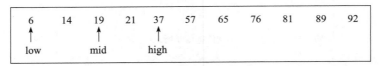

图 6-41　问题规模减小一半

再次比较 m 和 mid 位置的元素，21＞19，仍然未找到，需要继续进行查找。现在查找范围再次转移，变为 19 到 37 之间，即 low 位置由 0 变为 mid＋1＝3，如图 6-42 所示。

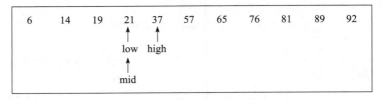

图 6-42　问题规模又减小一半

重新计算 mid 值，mid＝(3＋4)//2＝3，mid 位置的元素的值为 21，与要查找的整数 m 值相等，故查找成功。所查元素在序列中的下标等于 mid 的值。

如果目标数不在序列中，则直到 low＞high，查找都不会成功。

"噢，通过你这么一说，我们明白了！"大伙儿说。

6.9.3　二分法的程序实现

建立名为 dichotomy.py 的程序文件，并定义 dichotomy 函数，代码如下：

```python
def dichotomy(m,arr):
    """从 arr 中查找 m，返回 m 的下标"""
    low=0
    high=len(arr)-1
    while low<=high:              #继续查找的控制条件
        mid=(low+high)//2        #中间位置
        if m==arr[mid]:
            return mid
        elif m<arr[mid]:
            high=mid-1
        else:
            low=mid+1
    return 0                      #找不到时返回 0
```

函数接受两个参数，第一个参数 m 为需要查找的目标整数，第二参数 arr 为一个列表。初始时查找范围下标 low 为 0，high 为序列长度 –1。当 low ≤ high 时，计算 mid 值并进行折半查找。如果找到 m，则返回 m 的下标值，也就是 mid 值。如果找不到，则更新查找范围继续查找。如果到最后都找不到，则返回 0。

下面产生一些数据进行测试，代码如下：

```python
#测试
import random
#产生一个序列
arr=[]
for i in range(10):
    arr.append(random.randint(0,100))
arr.sort()
print(arr)
m=int(input("查找谁？(0-100)"))
result=dichotomy(m,arr)
if result:
    print(m," 的位置是 ",result)
else:
    print(m," 不在 ",arr,' 中 ')
```

首先引入 random 模块，使用随机函数 randint()，循环产生 10 个从 0 到 100 之间的随机整数，并全部存入 arr 列表中。由于二分查找只能适用于有序整数，所以使用 sort() 函数对 arr 元素进行从小到大的排序。调用 dichotomy() 函数，结果保存在 result 中。

运行程序进行测试，结果如图 6-43 所示。

```
=== RESTART: G:\OneDrive - whut.edu.cn\PPPythonnn\第6章未完\6\6.9\
dichotomy.py ===
[14, 23, 26, 75, 76, 84, 85, 86, 94, 98]
查找谁? (0-100)86
86 的位置是 7
>>>
=== RESTART: G:\OneDrive - whut.edu.cn\PPPythonnn\第6章未完\6\6.9\
dichotomy.py ===
[4, 20, 30, 32, 33, 45, 48, 49, 83, 99]
查找谁? (0-100)5
5 不在 [4, 20, 30, 32, 33, 45, 48, 49, 83, 99] 中
>>>
                                                        Ln: 19  Col: 30
```

图 6-43　二分查找示例

"按这个道理，是不是也可以有三分查找、四分查找、n 分查找呢?"大熊问船长。

"值得一试!"西西船长回答。

6.10　菲菲兔的魔术

菲菲兔找来一副扑克牌中的 13 张黑桃，预先将它们排好后，牌面朝下叠在一起。然后她对大伙儿说："我不看牌，只要数数就可以猜到每张牌是什么。"说完，她将最上面的那张牌数为 1，把它翻过来正好是黑桃 A，她将黑桃 A 放在桌子上，然后按顺序从上到下数手中的余牌，第二次数 1、2，并将第一张牌放在这叠牌的最下面，再将第二张牌翻过来，正好是黑桃 2，也将它放在桌子上，第三次数 1、2、3，将前面两张依次放在这叠牌的下面，再翻第三张牌，正好是黑桃 3，这样依次进行，她将 13 张牌全部翻出来后，准确无误从 A 到 K 排在桌子上。

"厉害! 不过我猜你事先安排好了手里牌的次序。"克里克里说。

菲菲兔是怎样安排手中牌的原始次序的呢?

6.10.1　环形填数问题

"这是一个环形填数问题。"克里克里开始分析菲菲兔的魔术。

把 13 张牌的位置假想成 13 个空间排成首尾相连的一圈，如图 6-44 所示。

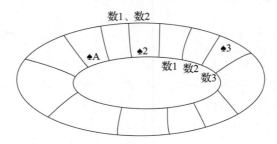

图 6-44　环形填数示意图

可以用一个列表来表示这个环形空间。列表的下标从 0 开始，逐渐增加，当下标超过 12 以后，将下标重新赋值为 0，代码如下：

```
if i>12:i=0        # 当下标超过上限时，重置为 0
```

用一段代码演示一下：

```
def loop_demo(pos,N):
    print(pos)
    i=0
    n=0
    while n<N:
        print("pos[%d]"%(i),pos[i])
        i+=1
        if i>12:i=0          # 当下标超过上限时，重置为 0
        n+=1
```

函数 loop_demo 一共有两个参数，pos 表示环形列表，N 表示演示时显示元素的个数。函数中用变量 i 表示列表 pos 的下标。示例利用一个 while 循环来显示 pos 中的元素，下标 i 从 0 开始递增，当下标超过 12 时，意味着 pos 的 13 个元素全部遍历完了，这时将下标重新置为 0。

添加以下代码调用函数：

```
x=[0]*13
# 制造两个非空的位置
x[5]=3
x[10]=9
loop_demo(x,20)
```

运行结果如图 6-45 所示。

```
[0, 0, 0, 0, 0, 3, 0, 0, 0, 0, 9, 0, 0]
pos[0]  0
pos[1]  0
pos[2]  0
pos[3]  0
pos[4]  0
pos[5]  3
pos[6]  0
pos[7]  0
pos[8]  0
pos[9]  0
pos[10] 9
pos[11] 0
pos[12] 0
pos[0]  0
pos[1]  0
pos[2]  0
pos[3]  0
pos[4]  0
pos[5]  3
pos[6]  0
>>>
```

图 6-45 环形的空间示例

"果然，下标在循环。"大熊说。

励志照亮人生　编程改变命运

6.10.2　计数放牌

回顾一下菲菲兔的表演过程，是这样的：先计数 1，将黑桃 A 放入环形空间中的一个空位置，接着从相邻的位置开始计数：1、2，将黑桃 2 放入。然后再从下一个位置开始计数 1、2、3，将黑桃 3 放入。每次计的数等于牌面号码。这样依次进行下去，直到 13 张牌全部放入环形空间中。

"接下来的问题就是计数放牌了。"克里克里继续分析，"需要注意的是，在环形填数的过程中，只能在空位置中放入牌，所以要跳过那些已经放了牌的位置，只对空位置计数。"

"只能对环形空间中的空位置计数。如何做到这一点呢？"大熊不解地问。

"你有没有发现，每次计数的值就是当前需要放入的牌面数？"克里克里说，"比如，当需要放入黑桃 2 这张牌时，计数就是 1、2。"

大熊眨巴眨巴眼睛想了想说："确实是这样。不过……计数过程中遇到已经放了牌的位置，该怎么办呢？"

"当遇到已经放了牌的位置时，需要跳过它，计数也要多加一个。"克里克里说的可以参考图 6-46。假设要放入黑桃 4，需要计数 1、2、3、4，但是计数过程中遇到两个非空的位置，所以实际计数是 6。

图 6-46　计数放牌

计数放牌的过程可以用如下代码表示：

```
def put_card(pos,i,M):            #pos 为列表，M 为牌面数，i 为 pos 的下标初值
    print(pos)
    count=0                       # 计数初值为 0
    while count<M:                # 计数结束后，count 值为 M
        i+=1                      # 考察下一个位置
        if i>12:i=0               # 构造环形空间
        if pos[i]==0:             # 当前位置为空时计数值加 1
            count+=1
            print("pos[%d]"%(i),pos[i]," 计数 ",count)
        else:                     # 下一位置非空，不计数
            print("pos[%d]"%(i),pos[i]," (非空) 不计数 ")

    pos[i]=' 黑桃 '+str(M)        # 计数结束后，将牌放入 .黑桃符号可用黑桃二字代替
    return i                      # 返回 pos 中当前填入的位置
```

函数 put_card 有 3 个参数，pos 为传入的列表，i 为调用函数时 pos 的下标，M 为手头待放入的牌的牌面数。为了便于观察，先输出一次 pos。然后使用 i+=1 来递增下标，开始依次考察 pos 中当前位置后面的位置是否为 0（代表位置为空），一共需要找到 M 个空位。使用一个 while 循环

来达到目的。使用 count 计数，当计数值未超过 M 时执行循环体，否则结束循环。计数的过程要解决"跳过"非空位置的问题，使用一个 if…else 结构来完成。当考察的当前位置 pos[i] 为空时，计数 count 加 1，否则，即位置非空，这时不计数。

当 count 等于 M 时，循环结束。这时给 pos[i] 赋值"黑桃 M"，代表将手上的牌放入 pos[i] 的位置。输出放入后的 pos[i]。

最后，需要将这次放入牌的位置 i 返回，以便其他代码使用。另外，在 pos 的下标 i 递增的过程中，需要考虑环形计数的问题：使用语句"if i > 12:i = 0"来解决。

使用一段示例代码来调用 put_card 函数看看效果，代码如下：

```
x=[0]*13
x[3]="黑桃5";x[7]='黑桃8'           # 下标 3 和 7 的位置非空
i=put_card(x,7,10)                  # 在列表 x 中填入牌面为 10 的牌，当前位置是 i=7
print(x)
```

设置一个环形列表 x，下标 3 和 7 的位置事先放入牌"黑桃 5"和"黑桃 8"，其余为 0，代表空位。调用 put_card(x, 7, 10)，7 为当前位置，10 表示要放入的牌面数为 10。运行程序，结果如图 6-47 所示。

```
[0, 0, 0, '♠5', 0, 0, 0, '黑桃8', 0, 0, 0, 0, 0]
pos[8] 0 计数 1
pos[9] 0 计数 2
pos[10] 0 计数 3
pos[11] 0 计数 4
pos[12] 0 计数 5
pos[0] 0 计数 6
pos[1] 0 计数 7
pos[2] 0 计数 8
pos[3] ♠5 (非空) 不计数
pos[4] 0 计数 9
pos[5] 0 计数 10
[0, 0, 0, '♠5', 0, '♠10', 0, '黑桃8', 0, 0, 0, 0, 0]
>>>
```

图 6-47　计数放牌示例

可以通过放入"黑桃 10"之前和之后的对比，看出确实是在从"黑桃 8"的下一个位置开始计数的第 10 个空位放入了手头的牌。

6.10.3　真相大白

"似乎离真相更近了呢！"大熊嚷嚷道，"接下来只需要从环形列表的 0 位开始，按前面的方法逐个将牌放入就行了吧！这部分让我来写吧！"大熊说着，写了下面的代码：

```
x=[0]*13
j=0
x[j]='黑桃A'        # 任意位置填入初始值
for m in range(2,14):
    j=put_card(x,j,m)
print(x)
```

先创建 13 个位置的列表。然后在 0 位放入第一张牌"黑桃 A"。这样就初始化完毕了。接下来从牌面为 2 的牌开始，到牌面为 13 的牌结束，逐个将牌放入空位。用一个 for 循环完成对 put_card 的循环调用。循环结束后输出列表 x。

把上面的所有代码保存在 card_play.py 文件中，然后运行程序。因为显示了每一步放入牌的过程，所以运行程序可能需要一点时间，结果如图 6-48 所示。

```
pos[5] ♠3（非空）不计数
pos[6] ♠12（非空）不计数
pos[7] ♠11（非空）不计数
pos[8] ♠9（非空）不计数
pos[9] ♠4（非空）不计数
pos[10] ♠7（非空）不计数
pos[11] ♠6（非空）不计数
pos[12] 0 计数 13
['♠A', '♠8', '♠2', '♠5', '♠10', '♠3', '♠12', '♠11', '♠9', '♠4', '♠7', '♠6', '♠13']
>>> |
```

图 6-48　所有牌放入的结果

按显示结果的顺序放置牌，就是菲菲兔手上牌的原始顺序。

"我也去给大家变一次魔术去！"大熊屁颠屁颠地跑了，还带走了扑克牌。

6.11　埃及分数

派森号通过时光机器穿梭到了蓝色星的远古时代，船员们发现一群人在一座"人面狮身"的巨大雕像旁争吵着什么。洛克威尔和克里克里跑过去一看，原来有 42 个埃及人正在为分 31 公斤粮食而争吵不休。

6.11.1　分粮食的埃及人

"这还不简单？"洛克威尔对他们说，"31 公斤粮食，平均分给 42 个人，每个人分 42 分之 31 公斤不就行啦！"

听完洛克威尔的话，42 个埃及人都停下来看了看他，然后又继续争吵起来。

克里克里一问，哈哈大笑。他告诉洛克威尔："古埃及人根本不知道什么是 31/42，他们只使用单位分数。其他的真分数也都用单位分数的和来表示，而且从来不用一样的单位分数。"

"这样也行？"洛克威尔想了想，试了几个分数：$2/3 = 1/2 + 1/6$，$7/8 = 1/2 + 1/3 + 1/24$，好像还真是这样。

"就是这样啊，所以人们才把单位分数也叫作埃及分数。"克里克里说。

分析一下，有两种情况：

1）真分数的分子能整除分母，这种情况经过化简就可以得到埃及分数。

2）真分数的分子 a 不能整除分母 b，则总能从原来的分数中分解出一个分母为 $b/a + 1$ 的埃及分数。将剩余部分用同样的方法反复分解，最后可得到结果。

"为什么每次非要找 $b/a + 1$ 为分母的埃及分数呢？"洛克威尔不解地问。

"因为聪明的埃及人总是试图用最少的埃及分数来表示其他分数，而 $b/a + 1$ 是分解出的所有埃及分数中分母最大的一个。"克里克里说。下面通过一个例子来验证一下克里克里的说法。

2/9 = 1/5 +（其余分数），得到 1/5 的过程如图 6-49 所示。

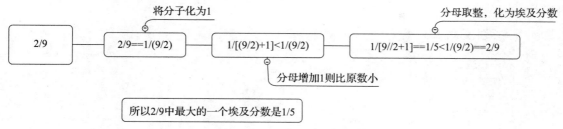

图 6-49　得到 2/9 中最大的埃及分数

先将真分数 2/9 化为分子为 1 的分数形式，得到的分母为 9/2。如果将此分母增加 1，则得到的分数就比 2/9 小，当然如果分母增加 2 或更多，得到的分数就更小。再将这个分母 9/2 + 1 取整，等于 5，最后得到的可分解出的最大埃及分数就是 1/5。

"看了你这个例子，把真分数分解成埃及分数的办法，我似乎有一点思路了。"洛克威尔说，"按照这个分法把剩下的继续分出埃及分数或许可行。"

6.11.2　克里克里的办法

真分数分解为埃及分数的思路可归纳为如图 6-50 所示的流程图。

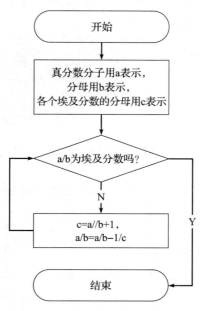

图 6-50　寻找埃及分数流程图

洛克威尔决定建立 egyption_number.py 来实现这个问题。

首先，将真分数的分子用 a 表示、分母用 b 表示，变量 c 用来存储各个埃及分数的分母。代码如下：

```
print(' 输入真分数的分子 a 和分母 b(a<b)')
while 1:
    a=int(input('a='))
    b=int(input('b='))
    if a<b:
        break
    else:
        print(' 不满足 a<b 的要求 ')
```

输入真分数的分子 a 和分母 b，判断一下 a 是否小于 b，否则不是真分数。接下来第一种情况，如果 b 可以被 a 整除，则直接化简成埃及分数，代码如下：

```
if b%a==0:    #b 整除 a
print('%d/%d 已经是埃及分数，它等于 %d/%d'%(a,b,1,b/a))
```

第二种情况需要分解。分数中一定包含一个分母为 b/a + 1 的埃及分数。即将 c 赋值为 b/a + 1。然后将从原分数 a/b 中减去 1/c。这里需要分别求出相减后结果的分子和分母。a/b − 1/c 通分，得到 (ac − b)/bc，这样分子和分母就好表示了。增加代码如下：

```
else:
    print('%d/%d='%(a,b),end='')              # 输出样式
    while 1:
        c=b//a+1                              # 埃及分数的分母
        print('1/%d'%c,end='+')               # 输出埃及分数
        a=a*c-b                               # 差的分子，更新 a
        b=b*c                                 # 差的分母，更新 b
        if b%a==0:                            #b 整除 a
            print('%d/%d'%(1,b/a))
            break
```

参考流程图，循环改变 a、b 和 c 的值，直到最后的 a/b 可以化简成埃及分数了，就利用 break 跳出循环。

运行程序，来解决这 42 个埃及人的问题吧！结果如图 6-51 所示。

克里克里告诉这 42 个埃及人，先每人分 1/2 公斤，再每人分 1/5 公斤，再每人分 1/27 公斤，最后每人分 1/945 公斤，这样每个人分到的粮食就一样多啦！

实际上，把一个真分数分解成埃及分数的方法不止一种，大家可以自己尝试一下。

```
输入真分数的分子a和分母b（a<b）
a=31
b=42
31/42=1/2+1/5+1/27+1/945
>>>
```

图 6-51　真分数分解成埃及分数的和

【练一练】参考答案

第 1 章

1.2

print(1 + 2) 的结果试一试便知：

```
>>> print(1+2)
3
```

会直接输出计算结果。

1.3

使用 IDLE 计算：

```
>>> 1+2-3*4/5%6**7//8
3.0
```

1.4

（1）使用 IDLE 试一试：

```
>>> x=26
>>> y=26
>>> id(26)
1787260720
>>> id(x)
1787260720
>>> id(y)
1787260720
```

它们全都占用相同的内存空间，使用 id() 命令来获取存放地址。（注：地址依不同电脑有所不同）

（2）可以。使用下面代码试一试便知：

```
>>> a=id(26)
```

```
>>> id(a)
2112353692688
>>> id(26)
1787260720
```

1.5

（1）使用以下代码试一试：

```
>>> x,y,z=1,x+1,x+y
>>> print(x,y,z)
1 2 27
```

（2）可以。使用以下代码试一试：

```
>>> m,n=1,9
>>> print(m,n)
1 9
>>> m,n=n,m
>>> print(m,n)
9 1
```

1.6

（1）使用以下代码：

```
>>> 0x63
99
>>> 0o73
59
>>> 0b111111
63
```

可知 0x63＞83＞0b111111＞0o73

（2）使用以下代码：

```
>>> 1000//True
1000
>>> 1000//False
Traceback (most recent call last):
    File "<pyshell#30>", line 1, in <module>
        1000//False
ZeroDivisionError: integer division or modulo by zero
```

1000//True 结果为 1；1000//False 结果报错：不能除以 0。

1.7

建立文件，输入以下代码：

```
str1=" 乘坐 \" 派森号 \"，开开心心学 Python 语言！"
print(str1)
print(" 字符串的长度为：")
print(len(str1))
print(" 字符串截取为：")
print(str1[-9:-3])
```

运行结果为：

```
==================== RESTART: C:/Workspace/1.7/try/p1.py ====================
乘坐"派森号"，开开心心学Python语言！
字符串的长度为：
22
字符串截取为：
Python
>>> |
```

1.8

创建以下程序：

```
#1.8(1)
rmb=float(input(" 请输入金额："))
print('RMB%-10.2f'%rmb)
```

运行示例如下图：

```
Python 3.7.0 Shell                                          —    □    ×
File  Edit  Shell  Debug  Options  Window  Help
Python 3.7.0 (v3.7.0:1bf9cc5093, Jun 27 2018, 04:59:51) [MSC v.1914 64 bit (AMD6
4)] on win32
Type "copyright", "credits" or "license()" for more information.
>>>
================= RESTART: C:\Workspace\1.8\exercise\try1.py =================
请输入金额：12.3456
RMB12.35
>>>
================= RESTART: C:\Workspace\1.8\exercise\try1.py =================
请输入金额：1234.876
RMB1234.88
>>>
                                                              Ln: 1  Col: 92
```

1.9

定义 5 个函数如下：

```
def add(a,b):
    return float(a)+float(b)

def subt(a,b):
    return float(a)-float(b)

def mult(a,b):
```

```
        return float(a)*float(b)

def divi(a,b):
        return float(a)/float(b)

def resi(a,b):
        return float(a)%float(b)
```

编写 main.py 程序代码如下：

```
import calculate
a=float(input("输入第一个数："))
b=float(input("输入第二个数："))

print("%f+%f=%f"%(a,b,calculate.add(a,b)))   #加
print("%f-%f=%f"%(a,b,calculate.subt(a,b)))  #减
print("%f*%f=%f"%(a,b,calculate.mult(a,b)))  #乘
print("%f/%f=%f"%(a,b,calculate.divi(a,b)))  #除
print("%f除以%f的余数为%f"%(a,b,calculate.resi(a,b)))   #余
```

运行结果如下图：

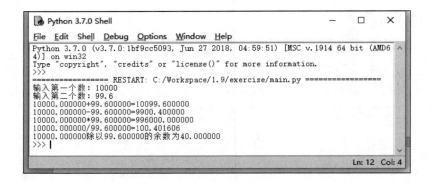

第2章

2.1

（1）代码如下：

```
# 添加船员
group=[]                  # 创建一个空列表
# 添加每一个成员
group.append(['船长','西西'])
group.append(['工程师','克里克里'])
group.append(['瞭望员','大熊'])
```

```
group.append(['驾驶员','菲菲兔'])
group.append(['队医','格兰特蕾妮'])
group.append(['机械师','洛克威尔'])
```

执行后在提示符后输入 group，结果如下图所示：

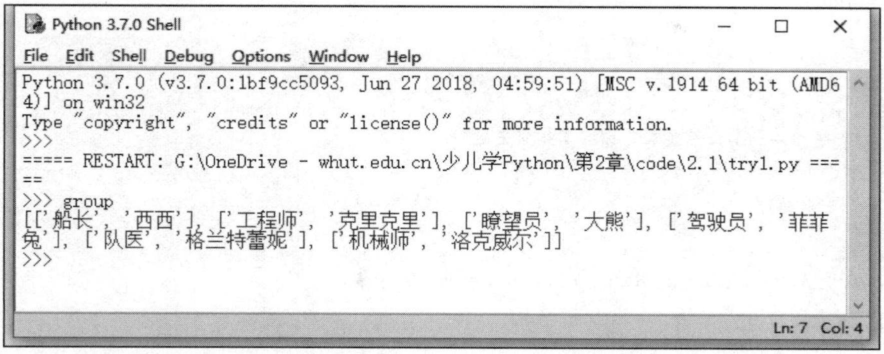

（2）需要 import try1，代码如下：

```
import try1

member_index=int(input("您想查阅第几位船员？(1-6)"))
# 通过下标显示第 3 位船员职位和姓名
member=try1.group[member_index-1]
position=member[0]
name=member[1]
print('职位：',position)
print('姓名：',name)
```

运行结果如下图：

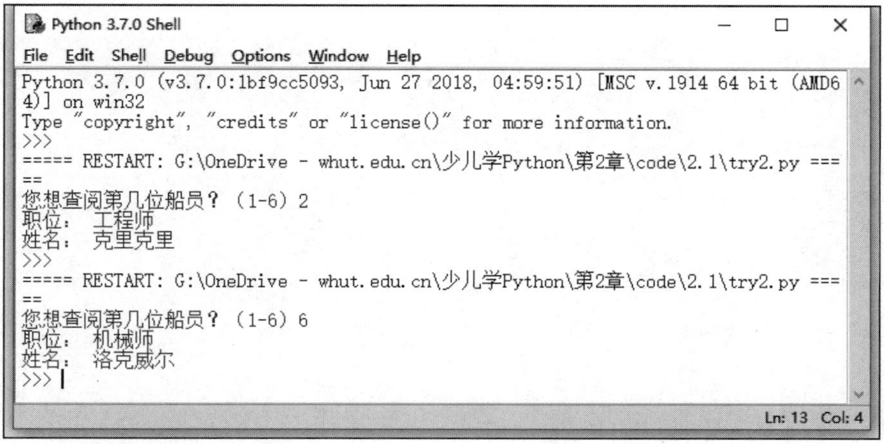

励志照亮人生　编程改变命运

2.2

步长可以是负数，它将导致等差数列元素递减。本题使用 range(10, 0, −1)。

2.3

（1）代码如下：

```
#练一练
dict_RMB={1:'壹',2:'贰',3:'叁',4:'肆',5:'伍',6:'陆',7:'柒',8:'捌',9:'玖',
    10:'拾',0:'零'}
x=input("请输入一个三位整数，按回车结束：")
y=list(x)               #转换成单个字符
y1=int(y[0])
y2=int(y[1])
y3=int(y[2])
print(dict_RMB[y1],dict_RMB[y2],dict_RMB[y3])
```

运行结果如下：

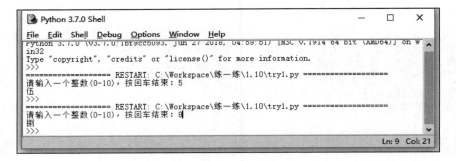

（2）先设计一个字典，将字符作为 key，数字作为值。然后把输入转换成数字输出，作为密码，代码如下：

```
# 字典加密示例
d1={}
d1['明天']=0
d1['今天']=1
d1['白天']=2
d1['晚上']=3
d1['集合']=4
d1['分散']=5
d1['包围']=6
d1['山顶']=7
d1['河边']=8
d1['树林']=9
d1['出发']=10
d1['停留']=11
```

```
d1['前进']=12
d1['后退']=13
d1['进攻']=14
d1['防御']=15
s=input("请输入需要加密的内容【只能使用7个字典的键】：")
#输出密码
print(d1[s[0:2]],end='')
print(d1[s[2:4]],end='')
print(d1[s[4:6]],end='')
print(d1[s[6:8]],end='')
print(d1[s[8:10]],end='')
print(d1[s[10:12]],end='')
print(d1[s[12:14]],end='')
```

运行示例如下：

2.4

运行该逻辑表达式即可得答案为2：

```
>>> 1 and 2 or 3 and 4 or not 5 and 6+7 or 8 and not 0
2
```

运算过程分析：因 1 and 2 的结果为 2，逻辑值为 True，根据短路特性，"or 3 …"以后的运算被短路，不需要再做分析。结果就为 2。

2.5

（1）先拿一个名字依次和其他两个进行比较，再根据结果，比较另外一个名字。参考如下代码：

```
>>> '克里克里'>'洛克威尔'
False
>>> '克里克里'>'菲菲兔'
False
```

"克里克里"比其他两个名字都小，所以"克里克里"是最小的一个名字。

```
>>> '洛克威尔'>'菲菲兔'
False
```

两个较大的字符串中，"菲菲兔"要更大一些。所以："菲菲兔" > "洛克威尔" > "克里克里"。

（2）中文的字符串大小并不是按拼音顺序。可以举出反例，比如：

```
>>> '房f子'>'广g场'
True
>>> '费f用'>'骨g头'
False
```

2.6

简单起见，只存储一个正确的用户名和密码。然后请用户输入，并判断正确与否。参考代码如下：

```
# 正确的用户名和密码
user1=('洛克威尔','123456')
# 用户输入
user_name=input("请输入用户名：")
user_pswd=input("请输入密码：")
# 判断是否正确
if user_name==user1[0] and user_pswd==user1[1]:
    print("欢迎您!%s!"%user1[0])
else:
print("用户名或密码错误。")
```

运行后，结果如下图：

```
请输入用户名：洛克威尔
请输入密码：123456
欢迎您!洛克威尔!
>>>
```

2.7

按照题目意思，黄金和振金的价格和应该与混合金属的价格和相等。解法不止一种，一种思路是改变振金的重量，每次计算黄金和振金的价格和，然后判断是否与总价相等。代码如下：

```
# 混合金属矿
zhen=60                              # 初始值设为第一个选项 40
gold=100-zhen                        # 地球黄金的数量
print('一共使用了',end='')
if 1.5*gold+4*zhen==2.5*100:         # 两种金属总价必须等于混合金属总价
    print(zhen,end='')
zhen=55
```

```
gold=100-zhen
if 1.5*gold+4*zhen==2.5*100:
    print(zhen,end='')
zhen=40
gold=100-zhen
if 1.5*gold+4*zhen==2.5*100:
    print(zhen,end='')
zhen=45
gold=100-zhen
if 1.5*gold+4*zhen==2.5*100:
    print(zhen,end='')
zhen=50
gold=100-zhen
if 1.5*gold+4*zhen==2.5*100:
    print(zhen,end='')

print('盎司振金。')
```

运行后结果如下图：

2.8

示例代码如下：

```
#选择题
print('北美最高山峰是？')
print('A.珠穆朗玛峰')
print('B.厄尔布鲁士山')
print('C.乞力马扎罗山')
print('D.麦金利峰')
choice=input('请选择：').upper()
if choice=='D':
    print('你真棒！')
elif choice=='A':
    print('珠穆朗玛峰是亚洲最高峰。')
elif choice=='B':
    print('厄尔布鲁士山是欧洲最高峰。')
```

```
elif choice=='C':
    print('乞力马扎罗山是非洲最高峰。')
else:
    print('别瞎胡闹！')
print('答案是D.麦金利峰！')
```

运行结果如下图：

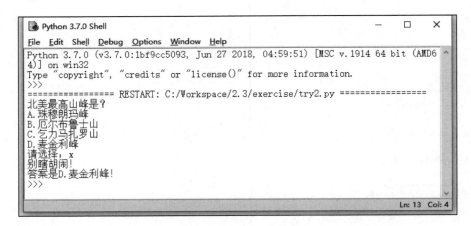

第 3 章

3.1

注意，星期的显示需要专门处理一下星期日的情况。代码如下：

```
import calendar

weekday_ch=['日','一','二','三','四','五','六']
y=int(input("输入您的出生年："))
m=int(input("输入您的出生月："))
d=int(input("输入您的出生日："))
print('那一天是星期',weekday_ch[calendar.weekday(y,m,d)+1])
print(calendar.month(y,m))
```

运行结果如下：

3.2

代码如下：

```
import time
now=time.strftime("%m/%d/%Y,%H:%M:%S",time.localtime())
print(now)
```

运行结果如下：

```
02/27/2019,15:18:03
>>>
```

3.3

使用 time.sleep() 函数来停顿 1 秒，直至循环结束。代码如下：

```
# 倒计时
import time
count=10
while count>0:
    print(count)
    time.sleep(1)
    count=count-1
print("发射!")
```

运行效果如下图：

```
10
9
8
7
6
5
4
3
2
1
发射!
>>>
```

3.4

例如一个数 12345，将它除以 10，余数为 5，将 5 输出。剩下的 1234，同样除以 10，将余数 4 输出，以此类推，最后剩下的数整除 10 后结果为 0，这时循环结束。代码如下：

```
def reverse(quot):
    while quot!=0:                # 循环直至商 quot 为 0
        rest=quot%10             # 除 10 的余数为个位
        print(rest,end='')        # 输出余数
        quot=quot//10            # 去掉个位
```

```
number=int(input(" 请输入一个整数： "))
reverse(number)
```

运行结果如图：

```
请输入一个整数：15236
63251
>>>
```

3.5

设有 i 个细胞，把 $i=4$ 作为初始值，这时分裂了 3 次（一个变两个，两个再各分裂一次，共 3 次）。取出一个，为 $i-1$ 个细胞。再分裂 3 次，就得到 $i-1+4$ 个。设置一个标志 flag，如果 i 可以等于 2044，则将 flag 赋值为 True。在循环中判断 i 是否等于 2044。代码如下：

```
i=4                     # 细胞个数初始化为 4
count=1                 # i=4 时分裂次数为 1
flag=False
while i<2044:
    i=i-1+4             # 取 1 个，变成 4 个
    count=count+1
    if i==2044:
        flag=True

if flag:
    print(" 分解 %d 次后可以得到 2044。"%count)
else:
    print(" 无法分解出 2044 个。",i)
```

运行结果如图：

```
==
分解681次后可以得到2044。
>>> |
```

3.6

首先创建一个抽牌函数，第一个参数是自己抽，第二个参数是随机抽。

```
# 抽牌比大
import random
# 抽牌
def choose_card(i,seq):
    if i==0:
        card=random.choice(seq)
    else:
        card=seq[i-1]
    return card
```

接下来，创建 15 张牌的列表。同时复制一份用作比大小时使用。

```
card1=list(range(3,11))                              # 小牌
card2=['J','Q','K','A','2','joker','JOKER']           # 花牌
cards=card1+card2
cards_copy=cards.copy()
```

抽牌游戏开始。菲菲兔先抽。抽完后必须去掉她抽的那张。比大小：通过所抽的牌在原始列表中的下标比较大小。

```
print("游戏开始!")
while 1:
    random.shuffle(cards)                            # 洗牌
    #print(cards)
    a=int(input("菲菲兔抽第几张牌? (1-15, 选 0 随机抽)："))
    card_a=choose_card(a,cards)
    print(card_a)
    cards.remove(card_a)                             # 去掉已抽出的那张牌

    #print(cards)
    b=int(input("大熊抽第几张牌? (1-14, 选 0 随机抽)："))
    card_b=choose_card(b,cards)
    print(card_b)

    # 比大小：通过所抽的牌在原始列表中的下标比较大小
    if cards_copy.index(card_a)>cards_copy.index(card_b):
        print("菲菲兔赢!")
        #print(cards_copy.index(card_a))
    else:
        print("大熊赢!")
        #print(cards_copy.index(card_b))
    #是否重玩
    q=input("再玩一次?【Y】或【N】")
    if q=='N' or q=='n':
        break
```

运行效果如下图：

```
游戏开始!
菲菲兔抽第几张牌? (1-15,选0随机抽)：0
7
大熊抽第几张牌? (1-14,选0随机抽)：0
JOKER
大熊赢!
再玩一次?【Y】或【N】y
菲菲兔抽第几张牌? (1-15,选0随机抽)：3
4
大熊抽第几张牌? (1-14,选0随机抽)：10
Q
大熊赢!
再玩一次?【Y】或【N】n
>>>
```

3.7

使用三重 for 循环：

```
print("母鸡","公鸡","小鸡")
for i in range(1,100//3+1):
    for j in range(1,100//5+1):
        for k in range(3,301):
            if 3*i+5*j+1*k/3==100 and i+j+k==100:
                print("%4d%4d%4d"%(i,j,k))
```

运行结果如图：

```
母鸡 公鸡 小鸡
   4   12   84
  11    8   81
  18    4   78
```

3.8

（1）假设神殿的阶梯有 x 级，那么 x 同时满足以下几个条件：

● 如果每步跨 2 阶，则最后剩 1 阶，翻译成 Python 语句即 $x\%2==1$

● 如果每步跨 3 阶，则最后剩 2 阶，翻译成 Python 语句即 $x\%3==2$

● 如果每步跨 5 阶，则最后剩 4 阶，翻译成 Python 语句即 $x\%5==4$

● 如果每步跨 6 阶，则最后剩 5 阶，翻译成 Python 语句即 $x\%6==5$

● 如果每步跨 7 阶，最后才正好一阶不剩，翻译成 Python 语句即 $x\%7=0$

遍历 7 到 300 的所有情况并进行判断即可。代码如下：

```
for x in range(7,301):
    #满足所有条件
    if x%2==1 and x%3==2 and x%5==4 and x%6==5 and x%7==0:
        print(x)
```

运行结果如图：

```
119
>>>
```

（2）字符串的 reverse() 函数可以将字符串反向。需要注意的是反向后的字符串将仍然保存在原变量里。所以为了比较前后两个字符串，必须将字符串复制一份。代码如下：

```
# 利用列表反向函数判断是否为回文数
def is_oreo1(n):
    nn=n*n
    nn_list=list(str(nn))          # 数值转换成字符串再转换成列表
    nn_list_copy=nn_list.copy()    # 列表复制
    nn_list_copy.reverse()         # 列表反向
    if nn_list_copy==nn_list:      # 反向后的列表如果与原列表相等
        return True
    else:
```

```
        return False
```

写一个循环验证一下：

```
for k in range(11,100):
    if is_oreo1(k): # 如果是回文数
        print(k,k*k)
```

执行结果如下图：

```
11 121
22 484
26 676
>>>
```

第4章

4.1

（1）经典排列问题。代码如下：

```
import itertools
count=0
for i in itertools.permutations(range(1,5),4):
    print(i)
    count+=1
print(" 共有 %d 种路线 "%count)
```

运行结果如下图：

```
(1, 2, 3, 4)
(1, 2, 4, 3)
(1, 3, 2, 4)
(1, 3, 4, 2)
(1, 4, 2, 3)
(1, 4, 3, 2)
(2, 1, 3, 4)
(2, 1, 4, 3)
(2, 3, 1, 4)
(2, 3, 4, 1)
(2, 4, 1, 3)
(2, 4, 3, 1)
(3, 1, 2, 4)
(3, 1, 4, 2)
(3, 2, 1, 4)
(3, 2, 4, 1)
(3, 4, 1, 2)
(3, 4, 2, 1)
(4, 1, 2, 3)
(4, 1, 3, 2)
(4, 2, 1, 3)
(4, 2, 3, 1)
(4, 3, 1, 2)
(4, 3, 2, 1)
共有24种路线
```

（2）从排列的结果中筛选出第一个元素是 2 的路线即可，代码如下：

```
import itertools
count=0
for i in itertools.permutations(range(1,5),4):
    if i[0]==2:
        print(i)
        count+=1
print(" 共有 %d 种路线 "%count)
```

运行结果如下图：

```
(2, 1, 3, 4)
(2, 1, 4, 3)
(2, 3, 1, 4)
(2, 3, 4, 1)
(2, 4, 1, 3)
(2, 4, 3, 1)
共有6种路线
```

4.2

此题为求 8 选 3 的组合数。代码如下：

```
from itertools import combinations
areas=[]
for i in combinations(range(1,9),3):
    areas.append(i)
print(" 共可确定 %d 个平面。"%len(areas))
```

运行结果如下图：

```
共可确定56个平面。
>>>
```

4.3

使用 itertools 组合函数：

```
from itertools import combinations
areas=[]
for i in combinations(range(1,9),3):
    areas.append(i)
print(" 共可确定 %d 个平面。"%len(areas))
```

程序运行结果如下图：

```
共可确定56个平面。
>>>
```

4.4

示例代码如下：

```
import queue                    # 引入队列模块
import time
q=queue.Queue(6)               # 创建队列

q.put('《嘲三月十八日雪》')
q.put('唐·温庭筠 \n')
q.put('三月雪连夜，')
q.put('未应伤物华。')
q.put('只缘春欲尽，')
q.put('留著伴梨花。')

#input("============= 按回车继续 =============")
while q.qsize():
    sentence=q.get()
    print(' '*(20-len(sentence)),sentence)
time.sleep(2)
```

运行后显示如下：

```
┌─────────────────────────────────┐
│          《嘲三月十八日雪》       │
│             唐·温庭筠            │
│                                 │
│          三月雪连夜，           │
│          未应伤物华。           │
│          只缘春欲尽，           │
│          留著伴梨花。           │
│ >>> |                           │
└─────────────────────────────────┘
```

4.5

参考代码：

```
# 定义一种飞船
class shuffler:
    lenth='1234 米 ',
    weight='200 吨 ',
    engine='type999-X',
    weapon=' 激光枪 ',
    speed='3000000 米 / 秒 '

    def fly():
        print(' 航行中 ',)

    def launch():
        print(' 准备起飞！')

    def land():
```

```
        print('准备着陆！')

    def report():
        print('lenth:',shuffler.lenth)
        print('weight:',shuffler.weight)
        print('engine:',shuffler.engine)
        print('weapon:',shuffler.weapon)
        print('speed:',shuffler.speed)

#test
shuffler.report()
```

运行效果如下图：

```
lenth: ('1234米',)
weight: ('200吨',)
engine: ('type999-X',)
weapon: ('激光枪',)
speed: 3000000米/秒
>>>
```

4.6

（略）

4.7

代码如下：

```
g={}
g[1]=[2,6]
g[2]=[3]
g[3]=[4]
g[4]=[5,7]
g[5]=[3]
g[6]=[5]
g[7]=[]

print(g)
```

运行后结果如下图：

```
{1: [2, 6], 2: [3], 3: [4], 4: [5, 7], 5: [3], 6: [5], 7: []}
>>>
```

对照图形分析，最短路径为 1-2-3-4-7，共经过 4 个节点。

4.8

元素距离栈顶的距离就是栈顶值减去元素的索引（不考虑重复元素），如下图所示。

假设 4 是目标元素，它的索引是从栈底数起的 4，离栈顶为 7−4＝3。代码如下：

```
class Stack():
    __stack=[]                              # 私有属性
    # 构造方法
    def __init__(self,size):
        self.size=size
        #__stack=[]
        self.top=-1
    # 判断栈满
    def is_full(self):
        return self.top+1==self.size
    # 判断栈空
    def is_empty(self):
        return self.top==-1
    # 入栈
    def push(self,obj):                      # 检查栈是否满
        if self.is_full():
            print(" 栈已满 ")
        else:
            self.__stack.append(obj)
            self.top=self.top+1
    # 出栈
    def pop(self):                           # 检查栈是否空
        if self.is_empty():
            print(" 栈已空 ")
        else:
            self.top=self.top-1
            return self.__stack.pop()        # 返回弹出元素

    # 元素离栈顶的距离
    def wait(self,obj):
        return self.top-self.__stack.index(obj)
```

测试一下：

```
#test
size=int(input(" 栈长度："))
s=Stack(size)
for i in range(size):
    s.push(i)
x=int(input(" 目标整数："))
ahead=s.wait(x)
print('%d 前面还有 %d 个元素 '%(x,ahead))
for i in range(ahead):                       # 弹出所有前面的元素
```

```
        s.pop()
print(" 弹出目标 ",s.pop())                # 弹出 x
```

运行效果如下：

```
栈长度：24
目标整数：0
0前面还有23个元素
弹出目标 0
>>> s.pop()
栈已空
>>>
```

4.9

将 binary_tree.py 文件复制一份，编写新文件代码如下：

```
from binary_tree import BinTree,BinNode

pic_tree="""
                0
        1               2
    3           4       5
  6   7"""
print(pic_tree)

r=BinTree(0)                          # 创建树，只有根节点
r.insertLeft(1)
r.insertRight(2)

r1=r.leftChild                        # 简便起见，用 r1 存储左子树
r1.insertLeft(3)
r1.insertRight(4)

r2=r.rightChild                       # r2 为右子树
r2.insertLeft(4)
r2.insertRight(5)
print(' 创建完毕 ')

r3=r1.leftChild
r3.insertLeft(6)
r3.insertRight(7)
```

运行后验证一下：

```
                0
        1               2
    3           4       5
  6   7
创建完毕
>>> r2.leftChild.root.name
4
>>> r3.rightChild.root.name
7
>>>
```

第5章

5.1

采用穷举法。先大致估计一下几种生物的最多数量。比如：6 条腿的狗，最多有 240÷6＝40 只，遍历的范围就可以定在 40 以内。示例代码如下：

```
print('飞天狗','火炎蛇','双头龙')
for dog in range(1,240//6+1):
    for dragon in range(1,170//2+1):
        for snake in range(1,170//9):
            #满足头的总数和脚的总数
            limit1 = dog*1 + snake*9+dragon*2==170
            limit2 = dog*6 + dragon*2==240
            if limit1 and limit2:
                print('%4d%8d%7d'%(dog,snake,dragon))
```

执行后结果如下：

```
飞天狗 火炎蛇 双头龙
  23      5    51
  32     10    24
```

5.2

分析一下：一年 12 个月。第一个月仓鼠长大，但是没有生小仓鼠，所以仓鼠还是一对。过了一个月，也就是第 2 个月，生下一对小仓鼠，总数就是 2 对。第 3 个月，大仓鼠又生下一对小仓鼠，小仓鼠长大还没生，所以总数是 3 对。以此类推。可以列表如下：

月数	0	1	2	3	4	5	6	7	8
小仓鼠	1	0	1	1	2	3	5	8	13
大仓鼠	0	1	1	2	3	5	8	13	21
总仓鼠数	1	1	2	3	5	8	13	21	34

可以看出总仓鼠数从第 2 个月开始，每个月都是前两个月的和（其实就是大小仓鼠总和）。这是一个斐波那契数列。参考代码如下：

```
# 斐波那契数列
def Fib(n):
    # 递归出口
    if n == 0:
        return 0
    if n == 1:
        return 1
    # 递归体
```

```
    if n > 1:
        return Fib(n-1) + Fib(n-2)
```

第 12 个月时，调用参数 n 应为 13。运行后结果如下：

```
>>> Fib(13)
233
```

有兴趣的同学可以将上面的表格补全来验证一下。

5.3

此题为常见的蒙特卡罗法求 π 值。四分之一的圆面积 $s = \pi \times r^2/4 = \pi/4$，单位正方形面积为 1。s:1 = 落在四分之一圆内点的数量 : 落在正方形内的全部点的数量。代码如下：

```
def monte_pi(n):
    import random
    count=0
    for i in range(n):
        # 投点
        x=random.random()
        y=random.random()
        # 点在四分之一圆则计数
        if x**2+y**2<=1.0:
            count +=1
    # 近似 π
    print('π 的近似值为 : ',4*count/n)
```

运行程序，假设投 10000000 个点，结果如下：

```
>>> monte_pi(10000000)
π 的近似值为 : 3.141156
```

5.4

知道了最大公因数，求最小公倍数也很简单了。因为两个数的最小公倍数就等于两数积除以最大公因数。代码如下：

```
def gcd(a, b):
    #dividend 是被除数，divisor 是除数
    divisor = a if a < b else b    #a,b 中较小的那个值
    dividend = a if a > b else b   #a,b 中较大的那个值
    # 辗转相除
    if 0 == divisor:
        return dividend
    else:
        return gcd(divisor, dividend % divisor)
```

```
def lcm(a,b):
    return a*b//gcd(a,b)

a=int(input("请输入第一个整数："))
b=int(input("请输入第二个整数："))
print("%d 和 %d 的最大公倍数是：%d"%(a,b,lcm(a,b)))
```

运行程序，试验结果如下：

```
请输入第一个整数：1024
请输入第二个整数：768
1024 和 768 的最大公倍数是：3072
```

5.5

从小到大排序，冒泡排序需要判断前后两个数大小，将大的交换到后面。代码如下：

```
import random,time
# 冒泡排序
def bubble_sort(A):
    for x in range(len(A)-1):
        for y in range(len(A)-1-x):
            if(A[y] > A[y + 1]):               # 如果后一个数更大，则
                A[y],A[y+1]=A[y+1],A[y]         # 交换前后两个数
    return A

# 分数生成函数
def arr_maker(a,b,n):
    arr=[]
    for i in range(n):
        arr.append(random.uniform(a,b))
    return arr

# 速度成绩（假设）
list1=arr_maker(0.0,60.0,1500)                 #60 分以下的 1500 人
list2=arr_maker(90.0,100.0,1500)               #90 分以上的 1500 人
list3=arr_maker(60.0,90.0,7000)                #60 ~ 90 分的 7000 人
flexible=list1+list2+list3

print(" 成绩单前 10 位（排序前）：")
for i in range(10):
    print('%d)   %.5f'%(i+1,flexible[i]))
print(" 成绩单末 10 位（排序前）：")
for i in range(9990,10000):
    print('%d)   %.5f'%(i+1,flexible[i]))

print("\n 开始排序 \n")
start=time.time()                              # 排序开始的时刻
```

```
bubble_sort(flexible)
t=time.time()-start                              # 排序耗时

print("成绩单前10位（排序后）: ")
for i in range(10):
    print('%d)  %.5f'%(i+1,flexible[i]))
print("成绩单末10位（排序后）: ")
for i in range(9990,10000):
    print('%d)  %.5f'%(i+1,flexible[i]))

print('\n本次排序耗时%.3f秒。'%t)
```

运行结果如下图：

```
成绩单前10位（排序前）:
1)   15.51753
2)   2.32996
3)   15.95835
4)   42.14534
5)   41.04757
6)   5.18016
7)   13.62965
8)   39.70818
9)   11.63717
10)  50.15694
成绩单末10位（排序前）:
9991)  68.79665
9992)  84.90440
9993)  86.97087
9994)  83.46481
9995)  85.31708
9996)  70.70078
9997)  62.53455
9998)  64.89031
9999)  88.14179
10000)  76.43085

开始排序
```

```
成绩单前10位（排序后）:
1)   0.10745
2)   0.13143
3)   0.24515
4)   0.27614
5)   0.30872
6)   0.32552
7)   0.35262
8)   0.36950
9)   0.39220
10)  0.40708
成绩单末10位（排序后）:
9991)  99.92212
9992)  99.95002
9993)  99.95477
9994)  99.96116
9995)  99.96523
9996)  99.96863
9997)  99.96880
9998)  99.98071
9999)  99.98361
10000)  99.99786

本次排序耗时8.438秒。
```

5.6

（1）分别将之前建立的冒泡排序和快速排序的函数复制到代码。然后利用随机数函数构造 10 000 个随机数。分别采用 time 函数进行计时。可以参考 5.5 节中的代码。需要注意的几点：第一，之前的快速排序函数是将数从小到大排列，这里需要与冒泡排序中的从大到小统一，所以需要修改快速排序的代码。第二，由于冒泡排序会改变原始列表的元素顺序，所以需要将原始列表复制一份，留作快速排序用。第三，快速排序将结果存储在一个新的列表中，所以需要创建一个变量来存储快速排序结果。

参考代码如下：

```
import random,time
#冒泡排序
def bubble_sort(A):
    for x in range(len(A)-1):
        for y in range(len(A)-1-x):
            if(A[y] < A[y + 1]):
```

```
                    A[y],A[y+1]=A[y+1],A[y]                    # 交换前后两个数
        return A

# 快速排序
def quick_sort(arr):
    if len(arr) < 2:                                          # 列表只有一个值, 就直接返回
        return arr
    else:
        pivot = arr[0]                                        # 把第一个值作为中间数
        left=[i for i in arr[1:] if i>=pivot]                 # 大数放左
        right=[i for i in arr[1:] if i<pivot]                 # 小数放右

        return quick_sort(left) + [pivot] + quick_sort(right) # 递归排序


# 分数生成函数
def arr_maker(a,b,n):
    arr=[]
    for i in range(n):
        arr.append(random.uniform(a,b))
    return arr

# 速度成绩 (假设)
list1=arr_maker(0.0,60.0,1500)                                #60 分以下的 1500 人
list2=arr_maker(90.0,100.0,1500)                              #90 分以上的 1500 人
list3=arr_maker(60.0,90.0,7000)                               #60 ~ 90 分的 7000 人
power_score1=list1+list2+list3
power_score2=power_score1.copy()                              # 创建副本

print(" 成绩单前 10 位 ( 排序前 ): ")
for i in range(1,11):
    print('%d)%.5f'%(i,power_score1[i-1]))
print(" 成绩单末 10 位 ( 排序前 ): ")
for i in range(9991,10001):
    print('%d)%.5f'%(i,power_score1[i-1]))

print("\n 开始【冒泡排序】\n")
start=time.time()                                             # 排序开始的时刻
bubble_sort(power_score1)
t=time.time()-start                                           # 排序耗时

print(" 成绩单前 10 位 ( 排序后 ): ")
for i in range(1,11):
    print('%d)%.5f'%(i,power_score1[i-1]))
print(" 成绩单末 10 位 ( 排序后 ): ")
for i in range(9991,10001):
    print('%d)%.5f'%(i,power_score1[i-1]))
```

```
print('\n 使用【冒泡排序】耗时 %.3f 秒。'%t)

print('================================================')

print(" 成绩单前 10 位（排序前）: ")
for i in range(1,11):
    print('%d)%.5f'%(i,power_score2[i-1]))
print(" 成绩单末 10 位（排序前）: ")
for i in range(9991,10001):
    print('%d)%.5f'%(i,power_score2[i-1]))

print("\n 开始【快速排序】\n")
start=time.time()                          # 排序开始的时刻
result=quick_sort(power_score2)            # 保存返回值
t=time.time()-start                        # 排序耗时

print(" 成绩单前 10 位（排序后）: ")
for i in range(1,11):
    print('%d)%.5f'%(i,result[i-1]))

print(" 成绩单末 10 位（排序后）: ")
for i in range(9991,10001):
    print('%d)%.5f'%(i,result[i-1]))

print('\n 使用【快速排序】耗时 %.3f 秒。'%t)
```

运行结果如下图所示：

从结果中可以看出，两种排序的结果一致。但冒泡排序显然比快速排序慢。

（2）毕达哥拉斯三元组构造如下：

```
[(x,y,z) for x in range(1,100) for y in range(x,100) for z in range(y,100) if
    x**2 + y**2 == z**2]
```

在 IDLE shell 运行如下：

```
>>> [(x,y,z) for x in range(1,100) for y in range(x,100) for z in range(y,100) if
    x**2 + y**2 == z**2]
[(3, 4, 5), (5, 12, 13), (6, 8, 10), (7, 24, 25), (8, 15, 17), (9, 12, 15), (9, 40, 41),
    (10, 24, 26), (11, 60, 61), (12, 16, 20), (12, 35, 37), (13, 84, 85), (14, 48, 50),
    (15, 20, 25), (15, 36, 39), (16, 30, 34), (16, 63, 65), (18, 24, 30), (18, 80, 82),
    (20, 21, 29), (20, 48, 52), (21, 28, 35), (21, 72, 75), (24, 32, 40), (24, 45, 51),
    (24, 70, 74), (25, 60, 65), (27, 36, 45), (28, 45, 53), (30, 40, 50), (30, 72, 78),
    (32, 60, 68), (33, 44, 55), (33, 56, 65), (35, 84, 91), (36, 48, 60), (36, 77, 85),
    (39, 52, 65), (39, 80, 89), (40, 42, 58), (40, 75, 85), (42, 56, 70), (45, 60, 75),
    (48, 55, 73), (48, 64, 80), (51, 68, 85), (54, 72, 90), (57, 76, 95), (60, 63, 87),
    (65, 72, 97)]
```

5.7

根据图 5-18 创建图 g，代码如下：

```
# 构造无向图
g={}
g['Me']=['Bob','Joy','Tom']
g['Joy']=['Me','Karl']
g['Karl']=['Bob','Joy']
g['Bob']=['Karl','Yuki','Me']
g['Yuki']=['Bob','Alice']
g['Tom']=['Lily','Me','Alice']
g['Alice']=['Tom','Yuki']
g['Lily']=['Tom']
```

随机选一个目标：

```
# 定义目标
import random
aim=random.choice(list(g.keys()))
```

进行广度优先搜索，在处理队列中弹出的节点时，判断当前节点是否与目标一致：

```
# 广度优先搜索
def BFS(g,root):
        """利用队列实现图的广度优先搜索"""
        bfs_queue = []                          # 创建队列
        visited = []                            # 已访问列表
        bfs_queue.append(root)                  # 添加根节点
        while bfs_queue:                        # bfs_queue 非空时继续
```

励志照亮人生　编程改变命运

```
                v = bfs_queue.pop(0)            # 弹出队首顶点
            if v not in visited:
                visited.append(v)
                if v==aim:
                    return ' 发现目标： '+v
                for i in g[v]:                  # 添加邻接顶点
                    if i not in bfs_queue:
                        bfs_queue.append(i)
                print(' 待搜索队列： ',bfs_queue)
        return visited
```

然后调用 BFS 函数，实现搜索，最后公布一下目标：

```
print(BFS(g,'Me'))

print(' 设定目标： ',aim)    # 公布答案
```

运行程序，结果如下：

```
待搜索队列： ['Bob', 'Joy', 'Tom']
待搜索队列： ['Joy', 'Tom', 'Karl', 'Yuki', 'Me']
待搜索队列： ['Tom', 'Karl', 'Yuki', 'Me']
待搜索队列： ['Karl', 'Yuki', 'Me', 'Lily', 'Alice']
待搜索队列： ['Yuki', 'Me', 'Lily', 'Alice', 'Bob', 'Joy']
待搜索队列： ['Me', 'Lily', 'Alice', 'Bob', 'Joy']
发现目标： Lily
设定目标： Lily
```

从结果可以看出，当搜索到目标时程序即可结束。可多运行几次看看效果。极端情况下"Me"就是间谍：

```
发现目标： Me
设定目标： Me
```

5.8

先复制节点类和二叉树类的定义，然后实现后序遍历函数 lrd()，代码如下：

```
# 定义节点
class BinNode(object):
    " 一个二叉树的节点 "
    # 构造函数
    def __init__(self,name,parent=None,left=None,right=None):
        self.name = name
        self.left = left
        self.right = right
        self.parent= parent

    # 获取名字
```

```
        def get_name(self):
            return self.name

        # 获取父类
        def get_parent(self):
            return self.parent

        # 以字典形式表达节点
        def get_node(self):
            node_dict = {
                "name":self.name,
                "parent":self.parent,
                "left":self.left,
                "right":self.right
            }
            return node_dict

# 定义树
class BinTree:
    def __init__(self,rootName):
        self.root = BinNode(rootName)            # 创建根节点
        self.leftChild = None
        self.rightChild = None

    def insertLeft(self,rootName):
        if self.leftChild == None:
            self.leftChild = BinTree(rootName)   # 递归调用
        else:
            print('已存在左子树，不能重复添加。')

    def insertRight(self,rootName):
        if self.rightChild == None:
            self.rightChild = BinTree(rootName)  # 递归调用
        else:
            print('已存在右子树，不能重复添加。')

# 后序遍历
def lrd(tree):
    if tree is None:
        return
    lrd(tree.leftChild)                          # 先后序遍历左子树
    lrd(tree.rightChild)                         # 再后序遍历右子树
    print(tree.root.name)                        # 打印根节点
```

接下来创建图 5-24 中的二叉树：

```
# 创建树
t1=BinTree(1)
t1.insertLeft(2)
```

```
t1.insertRight(3)

t2=t1.leftChild
t2.insertLeft(4)
t2.insertRight(5)

t3=t1.rightChild
t3.insertLeft(6)
t3.insertRight(7)

t4=t2.leftChild
t4.insertLeft(8)
t4.insertRight(9)

t5=t2.rightChild
t5.insertRight(10)

t7=t3.rightChild
t7.insertLeft(11)
t7.insertRight(12)
```

然后，调用 lrd() 函数，传入参数 t1：

```
# 后序遍历
print(" 后序遍历 ")
lrd(t1)
```

运行程序，结果如下：

```
后序遍历
8
9
4
10
5
2
6
11
12
7
3
1
>>> |
```

5.9

参考代码如下，代码说明参考注释：

```
def queen(layout, curX=0):              # layout 是放完所有皇后的纵坐标列表，curX 是当前横坐标
    global count                        # 全局变量
    if curX == len(layout):             # 横坐标等于棋盘行数时，求解结束，输出结果
```

```
            print(layout)
            count=count+1
            return 0
        for col in range(len(layout)):        #判断每一纵坐标
            layout[curX]= col                 #当前行皇后位置的纵坐标为col
            flag = True                       #标志flag为True，表示不冲突
            for row in range(curX):           #考察已有皇后的坐标
                if layout[row] == col or abs(col - layout[row]) == curX - row:
                    flag = False
                    break
            if flag:                          #关键：如果经判断后，col位置不冲突
                queen(layout, curX+1)         #则用同样的方法处理下一行的皇后


count=0
queen([None]*8)
print("八皇后问题共有%d个解。"%count)
```

运行结果如下：

```
Python 3.7.0 Shell
File  Edit  Shell  Debug  Options  Window
[5, 0, 4, 1, 7, 2, 6, 3]
[5, 1, 6, 0, 2, 4, 7, 3]
[5, 1, 6, 0, 3, 7, 4, 2]
[5, 2, 0, 6, 4, 7, 1, 3]
[5, 2, 0, 7, 3, 1, 6, 4]
[5, 2, 0, 7, 4, 1, 3, 6]
[5, 2, 4, 6, 0, 3, 1, 7]
[5, 2, 4, 7, 0, 3, 1, 6]
[5, 2, 6, 1, 3, 7, 0, 4]
[5, 2, 6, 1, 7, 4, 0, 3]
[5, 2, 6, 3, 0, 7, 1, 4]
[5, 3, 0, 4, 7, 1, 6, 2]
[5, 3, 1, 7, 4, 6, 0, 2]
[5, 3, 6, 0, 2, 4, 1, 7]
[5, 3, 6, 0, 7, 1, 4, 2]
[5, 7, 1, 3, 0, 6, 4, 2]
[6, 0, 2, 7, 5, 3, 1, 4]
[6, 1, 3, 0, 7, 4, 2, 5]
[6, 1, 5, 2, 0, 3, 7, 4]
[6, 2, 0, 5, 7, 4, 1, 3]
[6, 2, 7, 1, 4, 0, 5, 3]
[6, 3, 1, 4, 7, 0, 2, 5]
[6, 3, 1, 7, 5, 0, 2, 4]
[6, 4, 2, 0, 5, 7, 1, 3]
[7, 1, 3, 0, 6, 4, 2, 5]
[7, 1, 4, 2, 0, 6, 3, 5]
[7, 2, 0, 5, 1, 4, 6, 3]
[7, 3, 0, 2, 5, 1, 6, 4]
八皇后问题共有92个解。
>>>
```